高职高专"十四五"计算机类规划教材

人工智能与创新创业教育

主　编：谢　娜　任加维　王校伟
副主编：张　莹　朱　晨　胡文杰

天津大学出版社
TIANJIN UNIVERSITY PRESS

图书在版编目（CIP）数据

人工智能与创新创业教育 / 谢娜,任加维,王校伟
主编;张莹,朱晨,胡文杰副主编. -- 天津:天津大
学出版社,2023.12
高职高专"十四五"计算机类规划教材
ISBN 978-7-5618-7644-2

Ⅰ.①人… Ⅱ.①谢… ②任… ③王… ④张… ⑤朱
… ⑥胡… Ⅲ.①工智能－高等职业教育－教材②大学
生－创业－高等职业教育－教材Ⅳ.①TP18②G717.38

中国国家版本馆 CIP 数据核字（2023）第 230672 号

出版发行	天津大学出版社
地　　址	天津市卫津路 92 号天津大学内（邮编:300072）
电　　话	发行部:022-27403647
网　　址	www.tjupress.com.cn
印　　刷	天津泰宇印务有限公司
经　　销	全国各地新华书店
开　　本	787mm×1092mm　1/16
印　　张	10.5
字　　数	249 千字
版　　次	2023 年 12 月 1 日第 1 版
印　　次	2023 年 12 月 1 日第 1 次
定　　价	36.00 元

前　言

人工智能（Artificial Intelligence，AI）是指机器像人一样拥有智能能力，是一门融合计算机科学、统计学、脑神经学和社会科学的前沿综合学科，可以代替人类实现识别、认知、分析和决策等多种功能。人工智能涉及心理学、认知科学、思维科学、信息科学、系统科学和生物科学等多门学科，目前已在多个领域取得举世瞩目的成果，并形成了多元化的发展方向。

随着人工智能和模式识别技术的迅猛发展，目前该技术已经成为当代高科技研究的重要领域之一，不仅取得了丰富的理论成果，而且其应用范围越来越广泛。由于其在国民经济、国防建设、社会发展的各个方面得到了广泛应用，因而越来越多的人认识到人工智能和模式识别技术的重要性。为抢抓重大战略机遇、构筑先发优势，我国将发展人工智能上升至国家战略层面，在科技研发、应用推广和产业发展等方面推出一系列措施。

推进大众创业、万众创新是党中央、国务院在经济发展新常态下作出的重要战略部署，强化创新创业教育是学生成长成才的需求。为此，各高校纷纷建立了课程体系、实训实践体系、平台体系、保障体系"四位一体"的创新创业教育体系，将其与通识教育、专业教育、个性发展有机融合，强调"做中学、赛中练、实践不断线、科研助育人"，培养创新精神、创业意识和创新创业能力。

为此，咸阳职业技术学院编写团队紧跟时代步伐，编写了本书。本书首先对人工智能的相关理论进行阐述，具体内容包括人工智能理论基础、新一代人工智能生态、机器学习、专家系统等，同时还对人工智能下的人机关系进行讨论，并探讨了人工智能创新的八大领域，最后分析了人工智能时代的创新创业教育。本书既注重基本理论知识的分析，又以人工智能在创新创业中的应用知识为基础，注重创新创业精神的培养以及与创新创业有关的知识、能力、素质的有机融合。

本书在写作过程中，得到了学校和出版社的大力支持，同时得到了很多专家的指导和帮助。另外，书中部分定义、算法、模型、实例等内容，直接或间接地参考和引用了许多国内外专家和学者的文献资料，这些资料已在本书的参考文献中列出。由于编写时间仓促，书中一定有不少错误和缺点，敬请读者批评指正。

作　者
2023 年 4 月

目　录

第 1 章　人工智能理论基础

人工智能（Artificial Intelligence, AI）自诞生以来，便在世界范围内引发了轰轰烈烈的研发热潮。凭借强大的运算能力和卓越的智能化系统功能，人工智能在人类生活当中逐渐占据越来越重要的地位，而这也使得世界各国开始加大对于新 AI 技术的开发和提升。

【学习目标】

- 弄清人工智能的基本概念。
- 了解人工智能的起源和发展历程。
- 熟悉人工智能研究的主要内容。
- 了解人工智能带来的影响。
- 了解人工智能的应用领域。
- 了解人工智能创业发展趋势。

提升学生在人工智能学习过程中的伦理、社会关联及中国传统文化为主体的爱国情怀。

1.1　人工智能简介

1.1.1 智能的概念

目前，人们根据对人脑已有的认识，结合智能的外在表现，从不同的角度、不同的侧面，用不同的方法对智能进行研究，并且提出了不同的观点，思维理论、知识阈值理论及进化理论是其中最具代表性的观点。

1. 思维理论

思维理论认为，智能的核心是思维，人的一切智能都来自大脑的思维活动，人类的一切知识都是人类思维的产物。因此，对思维规律与思维方法的研究有望揭示智能的本质。

2. 知识阈值理论

知识阈值理论认为，智能行为取决于知识的数量及其可运用的程度，当知识聚集到某种满意程度时智慧大门将会开启。因此，它把智能定义为：智能就是在巨大的搜索空间中迅速找到一个满意解的能力。这一理论曾经对人工智能的发展进程产生了深刻的影响，在其影响下产生并发展了专家系统、知识工程等。

3. 进化理论

进化理论认为，智能取决于感知和行为，取决于对外界复杂环境的适应，智能不需要知识、不需要表示、不需要推理，智能可以由逐步进化来实现。该理论是由美国麻省理工学院（MIT）的布鲁克（Brook）教授根据他对人造机器虫的研究与实践提出的。这一观点与众不同，尤其是与人们的传统看法完全不同，因而引起了人工智能界的广泛关注。

比照前述三种智能认识理论，可以设想：思维理论和知识阈值理论主要对应的是高层智能活动，而进化理论分别对应了三个智能层次的发展过程。综合上述各种观点，可以认为：智能是知识与智力的总和。其中，知识是一切智能行为的基础，而智力是获取知识并应用知识求解问题的能力。

1.1.2 人工智能的定义

斯坦福大学人工智能研究中心的尼尔森（Nilsson）教授认为："人工智能是关于知识的学科——怎样表示知识以及怎样获得知识并使用知识的科学。"麻省理工学院的温斯顿（Winston）教授指出："人工智能就是研究如何使计算机去做过去只有人才能做的智能的工作。"这些定义反映了人工智能学科的基本思想和基本范围。事实上，从广义上来讲，一般认为用计算机模拟人的智能行为就属于人工智能的范畴。从狭义上讲，人工智能方法是指人工智能研究的一些核心内容，包括搜索技术、推理技术、知识表示、机器学习与人工智能语言等方面。[①]这些就是本书所要讲述的主要内容。

对人工智能研究的不同途径源于对人类智能的本质的不同认识，并由此产生出两大学派：符号主义与连接主义。

符号主义认为人类认识的基本元素是符号，认识过程就是一种符号处理过程。因此符号主义的研究者注重用符号来描述人类的思维过程。事实上，人类的语言本身就是用符号表示的，人类的很多思维活动如决策、计划、设计、诊断等活动都可以用语言来描述，因此也就可以用符号来表示。符号主义在模拟人类表达方面的思维活动中取得了很大的进展。但是，对有些思维活动，如图像识别，就难以用语言来描述。在解决这些问题方面，符号主义就遇到了很大的困难。

连接主义根据对人脑的研究，认为认识的基本元素就是神经元本身，人类的认识过程就是大量神经元的整体活动。从本质上讲，是并行的、分布式的处理模式，在上述的图像识别等方面，连接主义的模型显示了更大的优越性。

实际上，人类的思维过程是非常复杂的，上面的两种观念都不能给出完全的解释。

---

① 蒋国安. 矿井采掘计划编制与检验的研究与展望[J]. 山东矿业学院学报（自然科学版），1999（4）：7-10，18.

有人提出，人类的思维是分层次的。高层次的思维是抽象思维，适用于规划、决策、设计等方面；低层次的思维是形象思维，适用于识别、视觉等方面。符号主义和连接主义两种研究途径反映了人类思维的两个层次，彼此不能代替，而应当结合。本书主要介绍符号主义的成果，以及两者结合的系统。

1.2　人工智能的起源和发展历程

1.2.1　人工智能的起源

人工智能的思想萌芽可以追溯到 17 世纪的帕斯卡和莱布尼茨，他们较早萌生了有智能的机器的想法。19 世纪，英国数学家布尔和德·摩尔根提出了"思维定律"，这些可谓是人工智能的开端。19 世纪 20 年代，英国科学家巴贝奇设计了第一台"计算机器"，它被认为是计算机硬件，也是人工智能硬件的前身。电子计算机的问世，使人工智能的研究真正成为可能。

1.2.2　人工智能的发展

动力机械能够帮助和代替人类完成各种各样的体力劳动，极大方便了人类生活，推动了社会的飞速发展。随着人类和社会的进一步发展，人们思考并制造能帮助和代替人类完成脑力劳动的智能机器也就成了历史的必然，而人工智能正是这一必然的直接产物。人工智能这个术语自 1956 年正式提出，并作为一个新兴学科的名称被使用以来，已经有60 多年的历史。回顾其产生与发展的过程，可大致分为四个阶段。

第一阶段：人工智能的孕育期（20 世纪 50 年代之前）。人类很早就有用机器代替脑力劳动的想法。我国早在公元前 900 多年就有歌舞机器人的记载，古希腊在公元前 850年也有制造机器人帮助人们劳动的神话传说。世界上很多著名科学家创立了数理逻辑、自动机理论、控制论和信息论等，这些都为人工智能的产生奠定了重要的基础。

第二阶段：人工智能的形成期（20 世纪 50 年代至 60 年代）。人工智能是在十位来自美国的在数学、神经学、心理学、信息科学和计算机科学方面有着杰出表现的科学家的一次学术研讨会中诞生的，他们讨论了用机器模拟人类智能的有关问题，正式采用了"人工智能"这一术语，人工智能就是在这个时候诞生的。自此以后，人工智能在多个领域取得了重大突破，诸多科学家取得了一系列研究成果。人工智能作为一门独立学科得到了国际学术界的认可。

第三阶段：人工智能的低潮时期（20 世纪 70 年代）。一些人工智能专家被连续取得的成就冲昏了头脑，过于乐观。但随后人工智能在博弈、定理证明、问题求解、机器翻译、神经生理学等诸多不同领域遇到了各种各样的问题，开始受到社会各界的怀疑甚至批评。一些地方的人工智能研究经费被削减、机构被解散，全世界范围内的人工智能研究都掉入低谷。

第四阶段：基于知识的系统（20 世纪 80 年代）。一大批人工智能学者面对困难和挫折仍潜心研究，在反思中认真总结前一阶段研究工作的经验教训，开辟出一条以知识为中心、面向应用开发的新道路。专家系统（Expert System，ES）能利用储备的大量专门知识解决特定领域中的问题，使人工智能不只是停留在理论研究层面。这期间出现了很多有名的专家系统，如化学专家系统（DENDRAL）、用于细菌感染患者的诊断和治疗的专家系统（MYCIN）、地质勘探专家系统（PROSPECTOR）、数学专家系统（MACSYMA）、用于青光眼诊断和治疗的专家系统（CASNET）等。不但如此，与专家系统同时发展的重要领域还有计算机视觉和机器人、自然语言理解与机器翻译等；知识表示、不精确推理、人工智能语言等方面也取得了重大突破。但专家系统也存在一些问题，为此需要走综合集成发展的道路。

第五阶段：综合集成期（20 世纪 90 年代至今）。多技术、多方法的综合集成与多学科、多领域的综合应用是这一阶段专家系统的发展方向。

1.3　人工智能研究的主要内容

在人工智能的研究中有许多学派，例如以麦卡锡（McCarthy）与尼尔森（Nisson）为代表的逻辑学派（研究基于逻辑的知识表示及推理机制）；以纽厄尔（Newell）和西蒙（Simon）为代表的认知学派（研究对人类认知功能的模拟，试图找出产生智能行为的原理）；以费根鲍姆（Feigenbaum）为代表的知识工程学派（研究知识在人类智能中的作用与地位，提出了知识工程的概念）；以麦克莱伦德（McCelland）和鲁梅尔哈特（Rumelhart）为代表的连接学派（研究神经网络）；以贺威特（Hewitt）为代表的分布式学派（研究多智能系统中的知识与行为）以及以布鲁克为代表的进化论学派等。不同学派的研究内容与研究方法都不相同。另外，人工智能又有多种研究领域，各个研究领域的研究重点亦不相同。再者，在人工智能的不同发展阶段，研究的侧重面也有区别，本来是研究重点的内容一旦理论上及技术上的问题都得到了解决，就不再成为研究内容。因此，我们只能在较大的范围内讨论人工智能的基本研究内容。结合人工智能的远期目标，认为人工智能的基本研究内容应包括以下几个方面。

1.3.1　认知建模

人类的认知过程极其复杂。认知科学（或称思维科学）是研究人类感知和思维信息处理过程的一门学科，是对人类在认知过程中信息加工过程的说明。认知科学是人工智能的重要理论基础，涉及的研究课题很多。

浩斯顿（Houston）等把认知归纳为 5 种类型：信息处理过程；心理上的符号运算；问题求解；思维；诸如知觉、记忆、思考、判断、推理、学习、想象、问题求解、概念形成和语言使用等关联活动。

认知还会受到环境、社会和文化背景等因素的影响。人工智能不仅要研究逻辑思维，而且要深入研究形象思维和灵感思维，这样才能奠定更坚实的理论基础，为智能系统的开发提供新思想和新途径。

1.3.2　知识表示、知识推理和知识应用

知识表示、知识推理和知识应用是传统人工智能的三大核心研究内容。其中，知识表示是基础，知识推理实现问题求解，而知识应用是目的。

1. 知识表示

知识表示是把人类知识概念化、形式化或模型化，是研究各种知识的形式化方法。一般就是运用符号知识、算法和状态图等来描述待解决的问题。已提出的知识表示方法主要包括符号表示法和神经网络表示法两种。

2. 知识推理

所谓推理，就是从一些已知判断或前提推导出一个新的判断或结论的思维过程。它是人脑的基本功能，几乎所有的人工智能领域都离不开推理，因此，只有赋予机器推理能力才能使其实现人工智能。

形式逻辑中的推理分为演绎推理、归纳推理和类比推理等。知识推理，包括不确定性推理和非经典推理等。它们都是人工智能需要研究的重要内容，仍有很多尚未被发现和解决的问题值得研究。

3. 知识应用

人工智能能否获得广泛应用是衡量其生命力和检验其生存力的重要标志。20 世纪 70 年代，专家系统的广泛应用使人工智能走出低谷，获得快速发展。后来的机器学习和近年来的自然语言理解应用研究取得重大进展又进一步促进了人工智能的发展。当然，知识表示和知识推理等基础理论以及基本技术的进步是推动应用领域发展的重要因素。

1.3.3　机器感知

机器感知就是使机器或计算机具有类似于人的感觉，包括视觉、听觉、味觉、触觉、嗅觉、痛觉、接近感和速度感等，是机器获取外部信息的基本途径。机器视觉（计算机视觉）和机器听觉是其中最重要的和应用最广的两个方面，机器视觉要能够识别与理解

文字、图像、场景以至人的身份等，机器听觉要能够识别与理解声音和语言等。

1. 机器视觉

人们已经给计算机系统装上图像输入装置以便能够"看见"周围的东西。视觉是一种感知，在人工智能中研究的感知过程通常包含一组操作。

2. 模式识别

人工智能所研究的模式识别是指用计算机代替人类或帮助人类感知模式，是对人类感知外界功能的模拟，研究的是计算机模式识别系统，也就是使一个计算机系统具有模拟人类通过感官接收外界信息、识别和理解周围环境的感知能力。至今，在模式识别领域，神经网络方法已经成功地用于手写字符的识别、汽车牌照的识别、指纹识别、语音识别等方面。

3. 自然语言处理

自然语言处理（Natural Language Processing）一直是人工智能的一个重要领域，主要研究如何实现人与机器之间进行自然语言有效交流的各种理论和方法，主要包括自然语言理解、机器翻译及自然语言生成等。自然语言是人类进行信息交流的主要媒介，但由于它的多义性和不确定性，人类与计算机系统之间的交流还主要依靠那种受到严格限制的非自然语言。要真正实现人机之间直接的自然语言交流，还有待于自然语言处理研究的突破性进展。

自然语言理解可分为声音语言理解和书面语言理解两大类。其中，声音语言的理解过程包括语音分析、词法分析、句法分析、语义分析和语用分析 5 个阶段；书面语言的理解过程除不需要语音分析外，其他 4 个阶段与声音语言理解相同。自然语言理解的主要困难在语用分析阶段，原因是它涉及上下文知识，需要考虑语境对语意的影响。

机器翻译是指用机器把一种语言翻译成另一种语言。语言是不同民族和国家之间交流的重要基础，在政治、经济、文化交往中起着非常重要的作用。自然语言生成是指让机器具有像人那样的自然语言表达和写作功能。自然语言处理尽管目前已取得了很大的进展，如机器翻译、自然语言生成等，但离计算机完全理解人类自然语言的目标还有一定距离。实际上，自然语言处理的研究不仅对智能人机接口有着重要的实际意义，还对不确定性人工智能的研究具有重大的理论价值。

总之，机器感知是机器智能的一个重要方面。要使机器具有感知能力，就要为它安上各种传感器。机器视觉和机器听觉已催生了人工智能的两个研究领域——模式识别和自然语言理解或自然语言处理。实际上，随着这两个研究领域的进展，它们已逐步发展成相对独立的学科。

1.3.4 机器思维

机器思维是指对通过感知得来的外部信息及机器内部的各种工作信息进行有目的的

处理。正像人的智能是来自大脑的思维活动一样，机器智能主要是通过机器思维实现的。因此，机器思维是人工智能研究中最重要、最关键的部分。为了使机器能模拟人类的思维活动，使它能像人那样既可以进行逻辑思维，又可以进行形象思维，需要开展以下几方面的研究工作：

（1）知识的表示，特别是各种不精确、不完全知识的表示；

（2）知识的组织、累积、管理技术；

（3）知识的推理，特别是各种不精确推理、归纳推理、非单调推理、定性推理等；

（4）各种启发式搜索及控制策略；

（5）神经网络、人脑的结构及其工作原理。

1.3.5　机器学习

机器学习就是使机器（计算机）具有学习新知识和新技术，并在实践中不断改进和完善的能力。它是人工智能和神经计算的核心研究课题之一。

学习是人类具有的一种重要智能行为。机器学习能够使机器自动获取知识，可以是向书本等文献资料学习，也可以是通过与人交谈或观察环境进行学习。

但是，现有的计算机系统和人工智能系统大多没有什么学习能力，难以满足科技和生产提出的新要求。

1.3.6　机器行为

机器行为指智能系统（计算机、机器人）具有的表达能力和行动能力，如对话、描写、刻画以及移动、行走、操作和抓取物体等。它与机器思维有着密切关系，是以机器思维为基础的。研究机器的拟人行为是人工智能的一项高难度的任务。

1.3.7　智能系统及智能计算机的构造技术

为了实现人工智能的近期目标及远期目标，就要建立智能系统及智能机器，为此需要开展对模型、系统分析与构造技术、建造工具及语言等的研究。

1.4　人工智能带来的影响

1.4.1　人工智能让生活智能化

作为新时代的标志，人工智能不仅会影响企业的生产，而且会影响每一个人。人们的传统观念、思维方式被彻底颠覆，人们的生活发生了翻天覆地的变化。具体来说，人工智能会在以下几个方面对人们产生影响。

其一，人们将会得到更优质的医疗服务。

其二，机器人当老师影响教育行业。

其三，广告营销领域的创意高手。

其四，无人驾驶将改变人们的出行方式。

1.4.2 人工智能带来商业机会

随着制造业的"主力"从人类转变为人工智能，更多的简单机械作业将逐步交由人工智能完成。人类将会花更多的精力去探索和创造。

尽管科学家们说，目前人工智能还处在初级阶段。但是人工智能的快速发展，给我们带来影响和冲击的同时，也带来了很多前所未有的商机。下面列举其中的几个方面。

1.工业 4.0 时代

工业 4.0 时代，也被称为第四次工业革命。这次工业革命不仅实现了工厂自动化，而且建立了具有适应性、资源效率及基因工程学的智慧工厂。它将生产中的供应、制造和销售数据相匹配，最后和消费者的消费需求进行快速、高效的匹配，实现个人化产品供应。

2.新的科技巨头将诞生

人工智能时代来临，算法、技术、语言逻辑、界面都将随之发生改变，因此人工智能领域也必将诞生新的科技巨头。比如，个人计算机（PC）互联网时代造就了英特尔联盟，移动互联网时代成就了高通和谷歌等巨头，人工智能时代也将诞生新的巨头。人工智能的核心是算法，在核心算法领域具有绝对优势的公司，将会在人工智能产业中脱颖而出。

3.智能客服

人工智能已经可以提供语音识别、语言响应、智能推荐等功能，在未来，基于用户问题和处理方式的数据库，人工智能可以代替很多公司的客服。人工智能+客服，可以降低出错率，也可以搭建多路径整合的响应方式，甚至有可能带来二次交易。

4.智能化零售和电商

电商销售平台早已经实现了数据收集。但是随着物联网的成熟，仓配和物流将会给用户带来可以和实体店相媲美的消费体验。同时智能零售还会因为"大数据"收录了用户的所有消费数据，从而实现精准营销。

5.智能旅游

旅游也会受到人工智能的影响。近年来增强现实（Augmented Reality，AR）、虚拟现实（Virtual Reality，VR）和混合现实（Mix Reality，MR）等技术，结合人工智能、地图导航、大数据、物联网等技术，已经能根据用户喜好规划旅游线路，并提供远超人工导游所能提供的优质服务。随之而来的是，餐饮、纪念品零售等旅游衍生产业也将不断加入大数据之中。在未来，混合现实可能会完全替代导游，而类似体感游戏的旅游公园也将是发展的趋势。

6.智能语音市场

随着人工智能的发展，语音技术公司迎来了良好的发展机遇。智能语音技术的应用，成为人工智能创业团队打开市场的首要选择，几乎每个月，都会有多款语音交互机器人相继被推出。

1.4.3　人工智能引领企业转型升级

对企业来说，人工智能带来的不仅有商机，还有企业变革的机会。不仅是生产，在服务和管理等各个方面，人工智能都能为企业的转型与升级带来更多的机会。

有人认为，人工智能和传统企业没什么关系，传统企业即使转型升级也用不到人工智能。对此，国务院发展研究中心企业研究所所长马骏表示："智能化是一个大的趋势，是一个比较长的历史过程。手机目前已经智能化，汽车、电视等正在智能化过程当中，一些传统企业如桌椅、板凳等也开始智能化，所有企业逐渐智能化是一个大的趋势。"

在国际市场激烈的竞争环境下，企业亟须转型升级。不转型升级就无法生存，转型升级不对也是"找死"，高新企业、传统企业都面临着如何生存的问题，企业决策层都应该作出适合企业发展的战略。

我国在 2015 年发布了《中国制造 2025》，其中重点提出了国家制造业创新中心建设、工业强基、智能制造、绿色制造、高端装备创新工程五大工程实施指南。智能制造工程以数字化制造普及、智能化制造示范为抓手，推动制造业智能转型，推进产业迈向中高端；高端装备创新工程以突破一批重大装备的产业化应用为重点，为各行业升级提供先进的生产工具。因此，以智能制造为抓手，用互联网带动整个工业转型升级成为我国制造业的当务之急。

1.4.4　人工智能引起制造业变革

李彦宏认为，人工智能将对制造业产生严重影响。他以亚马逊的智能音箱 Echo 的影响为例，表明人工智能改变制造业已经不是想象而是现实，他说："人工智能可以改造音箱，人工智能也可以改造很多很多今天能够买到的商品，所以我觉得人工智能会非常深刻地改造制造业。中国是一个制造业大国，我觉得在这方面需要非常关注人工智能技术的发展，及时利用最新技术来升级我们的产品和制造能力。"

埃森哲咨询公司发布的《人工智能：助力中国经济增长》报告中指出，在人工智能的拉动下，到 2035 年中国经济年增长率将从 6.3%提升至 7.9%。

我国被称为"世界工厂"，制造业转型对于国家有着非常重要的意义。《"十四五"智能制造发展规划》和《中国制造 2025》等国家级战略的及时推出，为制造业转型提供了方向和框架指引。与此同时，制造行业也在积极行动，越来越多的企业开始探索人工智能新技术在制造业领域的应用，探索制造业智能化的转型道路。

1.5　人工智能的应用领域

随着人工智能掀起社会浪潮并成为国家发展战略，人工智能的话语体系和竞争格局正在发生深刻变化。在这次浪潮中，人工智能都有哪些研究方向引领着这个行业发展，并发挥着真正价值呢？目前学界普遍认为，人工智能的研究主要解决两大困惑：一是理论方面，即人工智能的可解释性、鲁棒性，围绕类脑认知和通用智能进行研究，为人工智能技术突破提供原始理论创新；二是技术应用方面，即将人工智能的理论和技术引入企业界的真实应用场景，与商业模式紧密结合，并发挥其真正的应用价值。

1.5.1　自然语言理解

目前人们使用计算机时，大都是用计算机的高级语言编制程序来告诉计算机"做什么"以及"怎样做"的，但这只有经过相当训练的人才能做到，对计算机的利用带来了诸多不便，严重阻碍了计算机应用的进一步推广。如果能让计算机"听懂"，"看懂"人类自身的语言（如汉语、英语、法语等），那将使更多的人可以使用计算机，大大提高计算机的利用率。自然语言理解就是研究如何让计算机理解人类自然语言的一个研究领域。具体地说，它要达到如下三个目标。

一是计算机能正确理解人们用自然语言输入的信息，并能正确回答输入信息中的有关问题。

二是对输入信息，计算机能产生相应的摘要，能用不同词语复述输入信息的内容。

三是计算机能把用某一种自然语言表示的信息自动地翻译为另一种自然语言。例如把英语翻译成汉语，或把汉语翻译成英语，等等。

关于自然语言理解的研究可以追溯到 20 世纪 50 年代初期。当时由于通用计算机的出现，人们开始考虑用计算机把一种语言翻译成另一种语言的可能性，在此之后的 10 多年中，机器翻译一直是自然语言理解中的主要研究课题。起初，主要是进行"词对词"的翻译，当时人们认为翻译工作只要进行"查词典"及简单的"语法分析"就可以了，即对一篇要翻译的文章，先通过查词典找出两种语言间的对应词，然后经过简单的语法分析调整词序就可以实现翻译。出于这一认识，人们把主要精力用于在计算机内构造不同语言对照关系的词典上。但是这种方法并未达到预期的效果，甚至闹出了一些阴差阳错、颠三倒四的笑话。

进入 20 世纪 70 年代后，一批采用句法语义分析技术的自然语言理解系统脱颖而出，在语言分析的深度和难度方面都比早期的系统有了长足的进步。这期间，有代表性的系

统主要有维诺格拉德（Winograd）于 1972 年研制的 SHRDLU 系统；伍兹（Woods）于
1972 年研制的 LUNAR 系统；夏克（Schank）于 1973 年研制的 MARGIE 系统等。其中，
SHRDLU 是一个在"积木世界"中进行英语对话的自然语言理解系统，系统模拟一个能
操作桌子上一些玩具积木的机器人手臂，用户通过与计算机对话命令机器人操作积木块，
例如让它拿起、放下某个积木等。LUNAR 是一个用来协助地质学家查找、比较和评价
阿波罗 11 号飞船带回的月球岩石和土壤标本化学分析数据的系统，该系统第一个实现了
用普通英语与计算机数据库对话的人机接口。MARGIE 是夏克根据概念依赖理论建成的
一个心理学模型，目的是研究自然语言理解的过程。

　　进入 20 世纪 80 年代后，更强调知识在自然语言理解中的重要作用，1990 年 8 月在
赫尔辛基召开的第 13 届国际计算机语言学大会，首次提出了处理大规模真实文本的战略
目标，并组织了"大型语料库在建造自然语言系统中的作用""词典知识的获取与表示"
等专题讲座，预示着语言信息处理的一个新时期的到来。近 10 年来，在自然语言理解的
研究中，一个值得注意的事件是语料库语言学（Corpus Linguistics）的崛起，它认为语
言学知识来自语料，人们只有从大规模语料库中获取理解语言的知识，才能真正实现对
语言的理解。目前，基于语料库的自然语言理解方法还不成熟，正处于研究之中，但它
是一个应引起重视的研究方向。

1.5.2　数据库的智能检索

　　数据库系统是存储某个学科大量事实的计算机系统，随着应用的进一步发展，需要
存储的信息越来越多，因此解决智能检索的问题具有实际性的意义。

　　智能信息检索系统应具有如下的功能：能理解自然语言，允许用自然语言提出各种
询问；具有推理能力，能根据存储的事实，演绎出所需的答案；系统拥有一定常识性知
识，以补充学科范围的专业知识。系统根据这些常识，将能演绎出更多问题的答案。这
些功能的实现都需要借助人工智能的方法。

1.5.3　自动定理证明

　　定理证明也是较早出现的人工智能的研究领域之一。1956 年，Newell、Shaw 和 Simon
研制的"逻辑理论机"程序能够完成定理的证明，被认为是计算机对人类高级思维活动
进行研究的第一个重大成果，是人工智能的开端。

　　在上述成果的影响下，科学家们不断进行探索，并取得了不错的成果。机器定理证
明的方法主要有自然演绎法、判定法、定理证明器、计算机辅助证明等。证明定理时，
不仅需要有根据假设进行演绎的能力，而且需要有某些直觉的技巧。例如，数学家在求
证一个定理时，会熟练地运用他丰富的专业知识，猜测应当先证明哪一个引理，精确判
断出已有的哪些定理将起作用，并把主问题分解为若干子问题，分别独立进行求解。

　　在人工智能方法的发展中，定理证明的研究确实起到了关键性的作用，例如，使用

谓词逻辑语言,其演绎过程的形式体系研究,帮助人们更清楚地理解推理过程的各个组成部分。此外,许多领域如医疗诊断、信息检索等也应用了定理证明的研究成果。可见,机器定理证明的研究具有普遍意义。

1.5.4 博弈

博弈可泛指单方、双方或多方依靠"智力"获取成功或击败对手获胜等活动过程。它广泛存在于自然界、人类社会的各种活动中,在人工智能中主要研究的是下棋程序。

人工智能研究博弈的目的并不是为了让计算机与人进行下棋、打牌之类的游戏,而是通过对博弈的研究来检验某些人工智能技术能否达到对人类智能的模拟,因为博弈是一种智能性很强的竞争活动。另外,通过对博弈过程的模拟可以促进对人工智能技术进一步的研究。

计算机博弈为人工智能提供了重要的理论研究和实验场所,反之,博弈问题为搜索策略、机器学习等研究课题提供了很好的实际背景,发展起来的许多概念、方法和成果也对人工智能提供了具有重要价值的参考。

1.5.5 自动程序设计

自动程序设计的任务是设计一个程序系统,它接受关于所设计的程序要求实现某个目标的非常高级的描述作为其输入,然后自动生成一个能完成这个目标的具体程序。

自动程序设计包括程序综合与程序正确性验证两个方面的内容。

程序综合用于实现自动编程,即用户只需告诉计算机要"做什么",无须说明"怎样做",计算机就可自动实现程序的设计。

程序正确性的验证是要研究出一套理论和方法,通过运用这套理论和方法就可证明程序的正确性。

目前常用的验证方法是用一组已知其结果的数据对程序进行测试,如果程序的运行结果与已知结果一致,就认为程序是正确的。这种方法对于简单程序来说未必不可,但对于一个复杂系统来说就很难行得通。因为复杂程序中存在着纵横交错的复杂关系,形成难以计数的通路,用于测试的数据即使很多,也难以保证对每一条通路都能进行测试,这就不能保证程序的正确性。程序正确性的验证至今仍是一个比较困难的课题,有待进一步开展研究。

自动程序设计研究的一个重大贡献是把程序调试的概念作为问题求解的策略来使用。实践已经发现,对程序设计或机器人控制问题,先产生一个代价不太高的有错误的解,然后再进行修改的做法,通常比坚持要求第一次得到的解就完全没有缺陷的做法,效率高得多。

1.5.6　感知问题

视觉和听觉都是感知问题，都涉及对复杂的输入数据进行处理。人工智能研究中，通过给计算机系统安装摄像机和话筒以便"看见"和"听见"。实验表明，有效的处理方法要求具有"理解"的能力，而理解则要求大量有关感受到的事物的基础知识。

在人工智能研究中的感知过程通常包含一组操作。整个感知问题的要点是建立一个精练的表示来取代难以处理的、极其庞大的、未经加工的输入数据，这种最终表示的性质和质量取决于感知系统的目标。不同的系统将有不同的目标，但所有的系统都必须把来自输入的多得惊人的感知数据压缩为一种容易处理和有意义的描述。

在视觉问题中，感知一幅景物的主要困难是候选描述的数量太多。有一种策略是对不同层次的描述作出假设，然后再测试这些假设，这种假设—测试的策略给这个问题提供了一种方法，它可应用于感知过程的不同层次上。此外，假设的建立过程还要求大量有关感知对象的知识。

感知问题不但涉及信号处理技术,还涉及知识表示和推理模型等一些人工智能技术。

符号主义和连接主义是当前人工智能研究的主要观点。符号主义是传统的人工智能相对于神经网络研究而言的统称。连接主义主要是指从生物、人类神经网络的结构、信息传输、网络设计（学习）的角度分析、模拟智能的形成与发展的研究。从发展历史上看，二者是相辅相成的，从不同角度讨论智能的形成与发展。

目前，人工智能在这方面面临研究瓶颈，主要表现在以下方面：知识获取（知识表示、机器学习）；实现时的规模扩大问题；应用前景（封闭的专家系统——机器学习问题）。

综上所述，可以形象地将人工智能的研究内容理解为：利用计算机模拟人的行为（研究鸟飞行原理）；利用计算机构造智能系统（研究制造飞机）。

1.5.7　组合调度问题

在实际中，经常会遇到多种确定最佳调度或最佳组合的问题，例如旅行商问题，即确定一条最短的旅行路线，然后从某一个城市出发遍访所要访问的城市，每个城市只访问一次，然后回到出发城市。该问题的一般化提法是：对由几个节点组成的一个图形的各条边，寻找一条最小耗费的路径，使得这条路径只对每一个节点穿行一次。

在大多数的这类问题中，随着求解问题规模的增大，求解程序都面临着组合爆炸问题。这些问题中有几个（包括旅行商问题）是属于被计算理论家称为 NP—完全性的问题。计算理论家们根据理论上最佳方法计算出所要求解时间（或步数）的最严重情况，然后对同问题的困难程度进行排列。时间（或步数）随着问题大小的某种变量（如旅行商问题中，城市数目就是问题大小的一种变量）而增长；问题的困难程度可随问题大小按线性、多项式或指数方式增长。

人工智能学者们曾经对若干种组合问题的求解方法进行过深入研究，他们的努力主要集中在使"时间—问题"大小曲线的变化尽可能缓慢，即使它必须按指数方式增长。此外有关问题领域的知识，确实是一些较有效的求解方法的关键因素，为处理组合问题而发展起来的许多方法，对其他组合爆炸不甚严重的问题也是有用的。

1.5.8 专家咨询系统

专家咨询系统，又叫专家系统，是一种智能计算机系统，其开发和研究是人工智能研究中面向实际应用的课题，受到人们的极大重视。已开发的系统数以百计，能够在一定程度上辅助、模拟或代替人类专家解决某一领域的问题，其水平可以达到甚至超过人类专家的水平，应用领域涉及化学、医疗、地质、气象、交通、教育和军事等。

专家系统就是一种智能的计算机程序系统，该系统存有某个专门领域中经事先总结、并按某种格式表示的专家知识（构成知识库），以及拥有类似于专家解决实际问题的推理机制（组成推理系统）。系统能对输入信息进行处理，并运用知识进行推理，作出决策和判断。其成功源于专门知识在智能模拟中的重要应用。不过专家系统的成功并不代表人工智能的全面成功。开发专家系统的关键问题是知识表示、应用和获取技术，困难在于许多领域中专家的知识往往是琐碎的、不精确的或不确定的，因此目前研究仍集中在这一核心课题。

在专家系统广泛应用的基础上，专家系统开发工具的研制发展也很迅速，只要输入某领域专家知识后就会自动生成该领域的专家系统。这对扩大专家系统应用范围、加快专家系统的开发过程，起到了积极的作用。近年来还出现了新型的专家系统，其在功能和结构上都有很大提高，处理问题的能力和范围也日益强大。

1.5.9 机器人学

机器人，尤其是智能机器人一直是人工智能研究的一个重要领域。随着工业自动化和计算机技术的发展，在 20 世纪 60 年代机器人开始进入大量生产和实际应用的阶段。人工智能的所有技术几乎都可以在机器人开发中得到应用，可以将其看作人工智能理论、方法、技术的试验场地。反之，对机器人学进行研究可大力推动人工智能研究的发展。

自 20 世纪 60 年代初研制出尤尼梅特和沃莎特兰这两种机器人以来，机器人的研究已经从低级到高级经历了三代的发展历程。

1.程序控制机器人（第一代）

第一代机器人是程序控制机器人，它完全按照事先装入机器人存储器的程序安排的步骤进行工作。程序的生成及装入有两种方式，一种是由人根据工作流程编制程序并将它输入机器人的存储器中；另一种是"示教—再现"方式，所谓"示教"是指在机器人第一次执行任务之前，由人引导机器人去执行操作，即教机器人去做应做的工作，机器人将其所有动作一步步地记录下来，并将每一步表示为一条指令，"示教"结束后机器人通过执行这些指令（即再现）以同样的方式和步骤完成同样的工作。如果任务或环境发生了变化，则要重新进行程序设计。

这一代机器人能成功模拟人的运动功能，它们会拿取和安放、会拆卸和安装、会翻转和抖动，能尽心尽职地看管机床、熔炉、焊机、生产线等，能有效地从事安装、搬运、包装、机械加工等工作。目前国际上商品化、实用化的机器人大都属于这一类。这一代机器人的最大缺点是它只能刻板地完成程序规定的动作，不能适应情况的变化，环境情况略有变化（例如装配线上的物品略有倾斜），就会出现问题。更糟糕的是它会对现场的人员造成危险，由于它没有感觉功能，有时会出现机器人伤害人的情况，日本就曾经出现机器人把现场的一个工人抓起来塞到刀具下面的情况。

2.自适应机器人（第二代）

第二代机器人的主要特点是自身配备相应的感觉传感器，如视觉传感器、触觉传感器、听觉传感器等，并用计算机对之进行控制。这种机器人通过传感器获取作业环境、操作对象的简单信息，然后由计算机对获得的信息进行分析、处理，控制机器人的动作。由于它能随着环境的变化而改变自己的行为，故被称为自适应机器人。目前，这一代机器人也已进入商品化阶段，主要从事焊接、装配、搬运等工作。第二代机器人虽然具有一些初级的智能，但还没有达到完全"自治"的程度，有时也称这类机器人为人眼协调型机器人。

3.智能机器人（第三代）

这是指具有类似于人的智能的机器人，它具有感知环境的能力，配备有视觉、听觉、触觉、嗅觉等感觉器官，能从外部环境中获取有关信息；具有思维能力，能对感知到的信息进行处理，以控制自己的行为；具有作用于环境的行为能力，能通过传动机构使自己的"手""脚"等肢体行动起来，正确、灵巧地执行思维机构下达的命令。目前研制的机器人大都只具有部分智能，真正的智能机器人还处于研究之中。

1.6　人工智能创业发展趋势

人工智能科学与技术经历了 60 多年的发展与积累，由计算智能、感知智能，逐步走向了认知智能。人工智能是在整合了机械化、自动化、信息化时代以来人类所有文明成果基础上的技术革命，这场认知革命甚至要超越人类对自然和社会认识的疆域，具有重要的科学意义和战略地位。人工智能已成为新一轮科技和产业革命的引擎，是第四次技术革命的基石。

1.6.1 大众关注推动人工智能创业热情

2017年末，"AI专用芯片"开始在各品牌手机厂商的新款手机中得到应用，手机厂商以人工智能为卖点大力推广，这也许是人工智能行业正在经历的一个重要变化。有了硬件设备支持后，研发者将制造出更多的人工智能落地应用，移动互联网搭配人工智能芯片后的"生态化反应"，可能会影响未来大众的日常生活。

除了移动互联网之外，人工智能已经覆盖了各个领域的众多使用场景。大数据、云计算和深度学习，让人工智能走出实验室实现产业化，影响我们生活的方方面面。

陆家嘴新金融实验室会集了974家活跃人工智能创业团队，分析样本公司的业务描述后，得出最集中的词汇是"服务、智能、技术、开发"等，强调第三方服务、技术输出的定位；而"金融、健康，零售"等垂直细分领域的公司比较多，这类团队的服务对象是产业转型升级，向传统行业渗透，部分细分领域的产品已经走在了国际前列。

工信部在编制《促进新一代人工智能产业发展三年行动计划（2018—2020年）》的过程中，征集了30余家行业顶尖企业的系列产品、技术指标和开发计划，提出将重点培育和发展智能网联汽车和智能服务机器人、医疗影像辅助诊断系统、视频图像身份识别系统、智能翻译系统、智能家居产品等智能化产品，推动智能产品在经济社会的集成应用。

在未来，大众将触及更多的人工智能服务。大众的关注将推动创业的热情，AI创业也必定呈现出空前的盛况。

1.6.2 大量数据支撑人工智能创业

我国人工智能创业的一个重要优势是有大量的数据基础。2017年，我国网民规模达到7.51亿，居全球首位。我国的第三方支付、外卖、物流、智能用车等服务也发展良好。

数据是支持人工智能发展的基础。市场上已经出现了各类人工智能开放平台，提供公开服务，支持人工智能发展。我们可以看到，互联网巨头都在试图打造自己的人工智能生态圈。和国际领先的人工智能平台服务相比，国内科技巨头在这些产品或平台市场上的竞争力都不强，是产业链上的薄弱环节，制约了产业发展，需要加快创新发展，夯实基础补齐短板。工信部在《促进新一代人工智能产业发展三年行动计划（2018—2020年）》中提出，在未来三年，我国将重点发展智能传感器、开源开放平台等关键环节，夯实人工智能产业发展的软硬件基础。

在未来，拥有数据、资本、应用场景的科技巨头，将会推出自己的人工智能平台。对于创业者来说，也有机会成为平台型公司，或者利用平台做大自己。

1.6.3 专业人才成为人工智能创业团队争夺对象

智联招聘的《2017人工智能就业市场供需与发展研究报告》显示，过去一年中，人工智能人才需求量增长近2倍。人工智能的技术门槛很高，而且该技术很难通过短时间学习掌握，企业争抢具备学术知识以及实操经验的人才。由于这类人才可复制性差，可替代性差，因此企业在追逐人才时通常出现高薪难求的状况。

在陆家嘴新金融实验室收集整理的人工智能创业团队资料中，创业高管高学历背景比例极高，其中博士以及博士以上的专家占比接近 35%。这种现象一定程度上说明人工智能创业有一定知识门槛，和互联网创新相比，人工智能创业团队需要一定的专业知识。

对人工智能创业团队中的地理位置信息进行梳理，可以发现创业团队在北京和广东较为集中，上海和杭州两地的创业团队数量也较多。这几个地区正是人工智能热门的创业区域，团队可以享受产业集群带来的好处。

除了人工智能核心人才之外，与人工智能配合的外围人才也同样值得重视。在传统行业智能化升级过程中，先前大量内容是基于经验、基于人的能力。而人工智能就是要把人的能力固化下来，不再限制于个人差异。人工智能的落地应用不仅是一个系统工具，也牵涉人才的转型。否则即使团队领头人具有国际最先进的水平，如果没有配套的人才体系，也有可能错失发展的黄金时期。

未来围绕人工智能的人才争夺战必将愈演愈烈，人才的成本，是创业者和风险投资人都应该认真考虑的问题。

1.6.4　大并购、大投资驱动人工智能创业

在陆家嘴新金融实验室收集的人工智能创业团队中，有 351 家曾获融资。从金额来看，人工智能融资案例中贫富不均的情况严重，成熟项目有涉及上十亿美元的案例，而早期项目融资金额低的才百万元。

目前，融资案例还是以早期为主，大多数都是天使轮、PreA 轮和 A 轮，完成 B 轮融资的占将近 11%，完成 C 轮和 C 轮后的融资不到 8%。人工智能行业发展的高潮近两年才开始，大部分创业团队还需要时间发展。

未来，人工智能中后期融资项目所占比例将会提升。同时，在传统行业转型升级的背景下，拥有资金和场景的老公司可能会通过并购的方式，快速升级为智能化公司。人工智能公司出现大并购、大投资案例概率极高，这些成功案例，将会给创业者带来很大的驱动力。

1.6.5　人工智能创业公司优胜劣汰

陆家嘴新金融实验室收集的人工智能创业团队中，89% 的公司成立在 2014 年以后。其中一些成立多年的公司在最近三年才以人工智能产品推广获得融资。在每一个创新行业中，新生的团队永远有机会挑战老团队。接下来，我们可能会看到一批人工智能创业公司，因为技术、安全、道德和社会等问题被无情淘汰。挤掉人工智能发展中的泡沫后，人才、资本将更好地配置在具有竞争力的企业中，对行业的发展会产生积极的影响。对于创业者来说，关键问题是如何找到成功的商业模式，并盈利生存下去。

　　事实证明，在短短几十年时间里，科学界对于人工智能的探索已经取得了令人瞩目的成果。从只会抓举小型积木的简单机器人，到后来击败人类棋王的"阿尔法狗"，整个人工智能学科的高速进步，不光为本学科带来了翻天覆地的变化，同时也在深深地影响着人类生活。可以预见的是，在目前世界各国都全力支持推动人工智能发展的大背景下，将会有更多性能卓越的人工智能体被研发出来，走进千家万户。人工智能创业也将焕发无穷的生机。

1.7　习题

1. 填空题

（1）智能是_____与_____的总和。

（2）人工智能的发展经历了_____、_____、_____、_____、_____这五个阶段。

2. 选择题

（1）人工智能的基本内容是_____。

　　A. 机器感知　　　　　　B. 机器思维

　　C. 机器学习　　　　　　D. 机器行为

（2）人工智能带来的影响有_____。

　　A. 代替人类　　　　　　B. 更多商业机会

　　C. 企业转型升级　　　　D. 制造业变革

3. 简答题

（1）人工智能的基本研究内容和应用领域有哪些？你还了解哪些领域？你认为人工智能还可以进一步应用于哪些领域？

（2）你认为未来人工智能的发展会超越人类智能吗？原因是什么？试着指出其未来的研究方向和发展趋势。

（3）试着阐述人工智能创业有着怎样的发展趋势。

第 2 章　新一代人工智能生态

人工智能、物联网、云计算、大数据、区块链等新技术不断显现，正在重塑传统产业结构和形态，催生众多新产业、新业态、新模式。

【学习目标】
- 弄清人工智能赖以生存的土壤。
- 了解人工智能的算力。
- 熟悉人工智能血液的主要内容。
- 了解人工智能的安全保障。

提高学生探索未知、追求真理、勇攀科学高峰的责任感和使命感。

2.1　人工智能赖以生存的土壤——物联网

2.1.1　什么是物联网

物联网概念的兴起，很大程度上得益于国际电信联盟（International Telecommunication Union，ITU）在 2005 年发布的互联网研究报告，但是 ITU 的研究报告并没有给出一个清晰的物联网的定义。

所有参与物联网研究的技术人员都有一个美好的愿景：将传感器或射频标签嵌入电网、建筑物、桥梁、公路、铁路，以及我们周围的环境和各种物体，并且将这些物体互联成网，形成物联网，实现信息世界与物理世界的融合，使人类对客观世界具有更加全面的感知能力、更加透彻的认知能力、更加智慧的处理能力。如果说互联网、移动互联网的应用主要关注人与信息世界的融合，那么物联网将实现物理世界与信息世界的深度融合。

尽管我们可以在文章与著作中看到多种关于物联网的定义，但是物联网至今仍然没有一个公认的定义。在比较了各种物联网定义的基础上，根据目前对物联网技术特点的认知水平，我们提出的物联网定义是：按照约定的协议，将具有"感知、通信、计算"功能的智能物体、系统、信息资源互联起来，实现对物理世界"泛在感知、可靠传输、智慧处理"的智能服务系统。

2.1.2 物联网的特征

2009 年 1 月，国际商业机器公司（IBM）首席执行官彭明盛提出"智慧地球"的构想，其中，物联网为"智慧地球"不可或缺的一部分。奥巴马在就职演讲后积极回应"智慧地球"构想，并提升到国家级发展战略。智慧地球所指的"智慧"体现为"3I"：更透彻的感知（Instrumentation）、更广泛的互联（Interconnectedness）、更智能（Intelligence）的应用。这三个方面是形成物联网的重要特征，得到了人们的广泛认可。

1. 感知透彻性

在感知层中，既有物与物，也包括物与人、人与人之间广泛的通信和信息的交流。透彻性体现为三点：一是感知一切可接入物联网之物，通过感应技术可以使任何物品都变得有感知、可识别，可以接收来自他"物"和网络层的指令；二是互动感知，物联网在感知层更强调信息的互动，即人与感知物的"实时对话"或感知物与感知物的"动态交流"，传感技术的核心即传感器，它是实现物联网中物与物、物与人信息交互的必要组成部分；三是多维感知，感知层中的人机交互包含视觉、听觉、嗅觉、味觉、触觉，甚至包括感觉与直觉、行为与心理的多维综合感知。

2. 互联广泛性

物联网具有更全面的互联互通性，连接的范围远超过互联网，大到铁路、桥梁等建筑物和水电网，小到摄像头、书籍、家电等部件，还包括应用于各种军事需求的军事物联网。通过各种通信网、互联网、专网，有效地实现个人物品、城市规划、政府信息系统中储存的信息交互和共享，从而对环境和业务状况进行实时监控。不仅要"互联"，更要"互通"，这就要求实现信息的高效传输，涉及高速的无线接入网络、高效的路由转发、信息的加密安全等。

3. 应用智能性

各种广泛应用的智能感应技术，可以采集和处理图像、声音、视频以及频率、压力、温度、湿度、风速、风向、颜色、气味、长度等各种各样可精确感知世界万物的信息。这些信息的协同处理和应用具有高时效、自动化、自我反馈、自主学习（自治）、智能控制等智能化特征。云计算、数据挖掘、专家系统、模糊识别等各种智能计算技术和手段能够进行复杂的数据分析、处理，整合和分析海量的跨地域、跨行业的信息，可以更好地支持决策和行动，实现对数以亿计的各类物体的实时动态控制和管理。

2.1.3 物联网的关键技术

物联网作为战略新兴产业之一，已经引发了相当热烈的研究和探讨。物联网多样化、规模化与行业化的特点，使得物联网涉及的技术非常多，我们需要从物联网应用系统设计、组建、运行、应用与管理的角度，归纳共性关键技术，如图2-1所示。这些技术之间相互影响，相互促进，共同支持了物联网的快速发展。

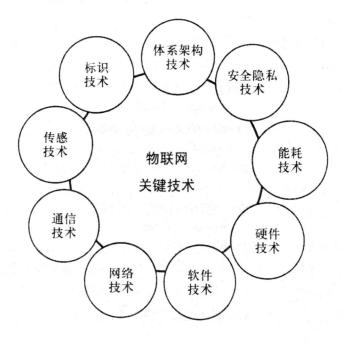

图 2-1 物联网关键技术示意图

1. 体系架构技术

从物联网架构来看，未来的物联网将是一个混杂有大量底层信息系统、上层商业应用实例以及其他数据与信息共同支撑的环境。对于服务的提供者、使用者而言，最关键的问题就是如何在这样的混杂环境中实现相互之间有意义的信息交互。

从未来物联网架构技术的设计目标来看：一方面，物联网的架构技术应该可以实现海量千差万别的物品之间以及物品与环境之间交互性和互操作性；另一方面，物联网的架构技术应该可以保障一个开放和具有竞争性的解决方案市场的形成。总之，体系架构技术需要满足互操作性、竞争性和适应性的需求。

2. 标识技术

物品的唯一标识或者唯一编码即用户的身份证明（User Identification，UID）既可以是一串数字或者字符（如条码），也可以是物品一系列属性的组合，如射步识别（RFID）标签。只有这样，才可以从未来物联网的数字层面上明确所有物品的数字名称，使得物联网从真正意义上实现连接一切有意义物品的目标。

在标识技术中主要涉及分配、管理、加密解密、存储、匿名标识技术、映射机制，以及结构设计等相关技术。

3. 传感技术

传感技术是从自然信源获取信息，并对之进行处理（变换）和识别的一门多学科交叉的现代科学与工程技术，是现代信息技术的支柱之一，是衡量国家信息化程度的重要标志。在物联网应用中，传感技术一般结合识别技术构成感知层，用于完成信号的收集与简单处理，并涉及信息特征的提取与辨识。传感技术经历了从个体感知到群体集散感知，再到广域网络数据采集的发展过程。现代传感技术通过构建于集合无线接入及有线承载特性的网络体系之上，实现细致广泛的信息搜集，能为物联网系统的上层应用提供完备的信息支持。

4. 通信技术

通信技术主要实现物联网数据信息和控制信息的双向传递、路由和控制。物联网需要综合各种有线及无线通信技术，包括近距离无线通信技术。

5. 能耗技术

21 世纪是高度信息化的时代，人类文明在物联网和各种电信新技术的推动下，取得了巨大的进步，但是同时也带来了巨大的能耗。因此，现在越来越多的人已经慢慢专注研究减小能源消耗的技术①。物联网（尤其无线传感器网络）需要解决不同设备低能耗联网问题，设计低能耗芯片，甚至采用能够自供能量的设备。

6. 安全隐私技术

由于物联网的很多应用都与人们的日常生活相关，其应用过程中需要收集人们的日常生活信息，而这些信息一般都属于个人隐私，因此解决好物联网应用过程中的隐私保护问题，是物联网得到广泛应用的必要条件之一。

2.2　人工智能的算力——云计算

云计算是继 1980 年代大型计算机到客户端-服务器的大转变之后的又一种巨变。云计算是分布式计算（Distributed Computing）、并行计算（Parallel Computing）、效用计算（Utility Computing）、网络存储（Network Storage Technologies）、虚拟化（Virtualization）、负载均衡（Load Balance）、热备份冗余（High Available）等传统计算机和网络技术发展融合的产物。

云计算（Cloud Computing）是基于互联网的相关服务的增加、使用和交付模式，通常涉及通过互联网来提供动态易扩展且经常是虚拟化的资源。

云计算改变了人们的生活和工作方式，为人们的生活提供了无限的可能。用户的计

---

① 能耗技术包括电池技术、能量捕获与储存、恶劣情况下的供电、能量循环、新能源及新材料等技术。

算机只需要通过浏览器给"云"发送请求然后接收数据，就能便捷地使用云服务。这样一来，计算机不再需要过大的内存，甚至也不需要购买硬盘和安装各种应用软件，但仍然能获得海量的计算资源、存储空间和各种应用软件等。

2.2.1 云计算的概念

由于人们对云计算的认识还不够全面，云计算也在不断发展和变化，因此目前云计算并没有非常严格和准确的定义。

在计算机还没有普及的 20 世纪 60 年代，就有科学家曾经提出"计算机可能变成一种公共资源。"2006 年，谷歌首席执行官艾里克·施密特在搜索引擎大会上第一次提出了云计算的概念。

从云计算概念的提出到不断推广和逐步落地，其作为 IT 产业的革命性发展趋势已经不可逆转，甚至被称为当今世界的第三次技术革命，但到底什么是云计算，却是众说纷纭。

云计算已经成为一个大众化的词语，似乎每个人对于云计算的理解各不相同，如图 2-2 所示，云计算的"云"就是存在于互联网上的服务器集群上的资源，它包括硬件资源（服务器、存储器、中央处理器 CPU 等）和软件资源（应用软件、集成开发环境等），本地计算机只需要通过互联网发送一个需求信息，远端就有成千上万的计算机为用户提供需要的资源并将结果返回给本地计算机。

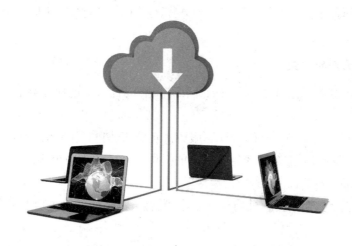

图 2-2　云计算

最近几年，云计算这一概念经常成为各大报道的头条，虽然大部分人对云计算的真正含义还不是很了解，但是不得不承认，云计算技术在社会生活的诸多领域中已经开始运用。云计算是一种具有开创性的新计算机技术，它是传统计算机和网络技术发展到一定阶段的融合产物。通过互联网提供计算能力，就是云计算的原始含义。

2012 年，国务院《政府工作报告》将云计算作为国家战略性新兴产业给出了定义：

"云计算是基于互联网服务的增加、使用和交付模式，通常涉及通过互联网来提供动态易扩展且经常是虚拟化的资源。"

云计算能提供更多的厂商和服务类型。云计算的应用和影响力日益扩大，并成为新兴、战略性产业之一。云计算体系结构如图 2-3 所示。

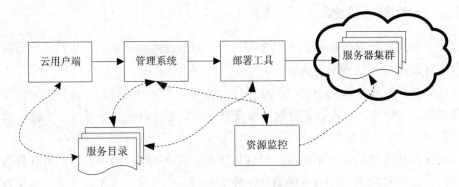

图 2-3　云计算体系结构

在云计算环境下，用户形成了"购买服务"的使用观念，他们面对的不再是复杂的硬件和软件，而是最终的服务。用户不需要购买硬件实物设施，节省了费用，同时可以节省等待时间（漫长的供货周期和冗长的项目实施时间），只需要把钱汇给云计算服务提供商，就能立刻享受服务。云计算的最终目标是将计算、服务和应用作为一种公共设施提供给公众。

云计算的技术分类有很多种不同的方式，接下来我们按照不同的分类方式分别进行讲解。

1. 按服务对象分类

云计算按服务对象可分为公有云、私有云和混合云。这种分类主要出现在商业领域中。

（1）公有云是面向公众的云计算服务。企业/机构利用外部云为企业/机构的用户服务，即企业/机构将云服务外包给公共云的提供商，由此来减少构建云计算设施的成本。例如，亚马逊、谷歌。

（2）私有云通常由企业/机构自己拥有，私有云特定的云服务功能不会直接对外开放。例如 Ebay。

（3）混合云包含公有云和私有云的混合应用。私有云可以在通过外包减少成本的同时，保证对敏感数据等部分的控制。混合云在实践中应用较少。

2. 按技术路线分类

云计算按技术路线分类，可分为资源整合型云计算和资源切分型云计算。

（1）资源整合型云计算的系统在技术实现方面大多体现为集群架构，通过整合大量节点的计算资源和存储资源后输出。这类系统通常能构建跨节点弹性化的资源池，分布式计算和存储技术为其核心技术。

资源切分型云计算是目前应用较为广泛的技术。虚拟化系统是最为典型的类型，这类云计算系统运用系统虚拟化对单个服务器资源实现弹性化切分，从而有效地利用服务器资源，虚拟化技术为其核心资源，此技术的优点在于用户的系统可以不进行任何改变接入采用虚拟化技术的云系统，尤其在桌面云计算技术上应用较为成功，其缺点是跨节点的资源整合成本较高。

3. 按服务模式分类

云计算按服务模式分类可分为基础设施即服务（Infrastructure as a Service，IaaS）、平台即服务（Platform as a Service，PaaS）和软件即服务（Software as a Service，SaaS）。

（1）基础设施即服务。基础设施即服务指用户通过互联网可以从计算机基础设施中获得相应的服务，服务商把多台服务器组成庞大的基础设施来为客户提供服务，这需要通过网格计算、集群和虚拟化等技术实现。

（2）平台即服务。平台即服务是指提供一种软件研发平台的服务，将可以访问的完整或部分应用程序的开发平台提供给用户。

（3）软件即服务。通过互联网把软件作为一种服务提供给用户，用户不需要单独购买想要的软件，而向服务商租用基于万维网（World Wide Web，WWW）的软件，进行使用。

软件作为一种服务向用户提供完整可直接使用的应用程序，在平台层以面向服务的架构（Service-Oriented Architecture，SOA）方法为主，使用不同的体系应用构架，需要用不同的技术支持来得以实现，表示在软件应用层使用 SaaS 模式。

2.2.2　云计算的特征

云计算如今被热炒，很多商家不管是与不是，都把自己的产品贴上云标签，使得云产品满天飞，甚至以假乱真。那么，什么样的产品及其应用才算是云计算呢？云计算具备怎样的特征呢？

云计算具备一些共性的特征，它通过虚拟化、分布式处理、在线软件等技术的发展应用，将计算、存储、网络等基础设施及其上的开发平台、软件等信息服务抽象成可运营、可管理的资源，然后通过互联网动态按需提供给用户。

为了对云计算有一个全面的了解，这里进一步总结云计算所具有的特征，具体如下。

1. 超大规模

"云"具有相当的规模，谷歌（Google）云计算已经拥有 100 多万台服务器，亚马逊（Amazon）、IBM、微软、雅虎（Yahoo）等的"云"均拥有几十万台服务器。企业私有"云"一般拥有数百上千台服务器。"云"能赋予用户前所未有的计算能力。

2. 虚拟化

云计算支持用户在任意位置、使用各种终端获取应用服务。所请求的资源来自"云"，而不是固定的、有形的实体。应用在"云"中某处运行，但实际上用户无须了解也不用担心应用运行的具体位置。只需要一台笔记本或者一个手机，就可以通过网络服务来实现我们需要的一切，甚至包括超级计算这样的任务。

3. 高可靠性

"云"使用了数据多副本容错、计算节点同构可互换等措施来保障服务的高可靠性，使用云计算比使用本地计算机可靠。

4. 通用性

云计算不针对特定的应用，在"云"的支撑下可以构造出千变万化的应用，同一个"云"可以同时支撑不同的应用运行。

5. 高可扩展性

"云"的规模可以动态伸缩，满足应用和用户规模增长的需要。

6. 按需服务

"云"是一个庞大的资源池，可按需购买；云可以像自来水、电、煤气那样计费。

7. 极其廉价

由于"云"的特殊容错措施可以采用极其廉价的节点来构成"云"。"云"的自动化集中式管理使大量企业无须负担日益高昂的数据中心管理成本，"云"的通用性使资源的利用率较之传统系统大幅提升，因此用户可以充分享受"云"的低成本优势，经常只要花费几百美元、几天时间就能完成以前需要数万美元、数月时间才能完成的任务。

云计算可以彻底改变人们未来的生活，但同时也要重视环境问题，这样才能真正为人类进步做贡献，而不是简单的技术提升。

2.2.3 云计算的使用场景

1. IDC 公有云

互联网数据中心（Internet Data Center，IDC）公有云在原有 IDC 的基础上加入了系统虚拟化、自动化管理和能源监控等技术，通过 IDC 公有云，用户能够使用虚拟机和存储等资源。原有 IDC 可通过引入新的云技术来提供 PaaS 服务，现在已成型的 IDC 公有云有 Amazon 的 AWS 和 Rackspace Cloud 等，公有云的服务类型包含 SaaS、企业资源计划（ERP）和客户关系管理（CRM）。

2. 企业私有云

企业私有云帮助企业提升内部数据中心的运维水平，使 IT 服务更围绕业务展开。企业私有云的优势在于建设灵活性和数据安全性，但企业需要付出更高的维护成本、构建专业的技术队伍。Rackspace 的私有云产品、华为的 FusionSphere、和 IBM 的 SoftLayer 等是典型的企业私有云。

3. 云存储系统

云存储系统通过整合网络中多种存储设备来对外提供云存储服务，并能管理数据的存储、备份、复制和存档。

云存储系统非常适合那些需要管理和存储海量数据的企业，比如互联网企业、电信公司等，还有广大的网民。

4. 虚拟桌面云

桌面虚拟化技术将用户的桌面环境与其使用的终端解耦，在服务器端以虚拟镜像的形式统一存放和运行每个用户的桌面环境，而用户则可通过小型的终端设备来访问其桌面环境。系统管理员可以统一管理用户在服务器端的桌面环境，比如安装、升级和配置相应软件等。

虚拟桌面云比较适合那些需要使用大量桌面系统的企业使用，相关的产品有 Citrix 的 XenDesktop 和 VMware 的 VMware View。

5. HPC 云

计算资源是较为稀缺的资源，无法满足大众的需求，但已建成的高性能计算（High Performance Computing，HPC）中心由于设计与需求的脱节常处于闲置状态。新一代的高性能计算中心不仅需要提供传统的高性能计算服务，而且还需要增加资源管理、用户管理、虚拟化管理、动态的资源产生和回收等功能，这使基于云计算的 HPC 云应运而生。

HPC 云可以为用户提供定制的高性能计算环境，用户可以根据自己的需求来设定计算环境的操作系统、软件版本和节点规模，避免与其他用户发生冲突。HPC 云可以成为网格计算的支撑平台，以提升计算的灵活性和便捷性。

6. 电子政务云

电子政务云（E-Government Cloud）是使用云计算技术对政府管理和服务职能进行精简、优化、整合，通过信息化手段在政务上实现各种业务流程办理和职能服务，为政府各级部门提供可靠的基础 IT 服务平台。电子政务云是为政府部门搭建一个底层的基础架构平台，将传统的政务应用迁移到平台上，共享给各个政府部门，提高政府服务效率和服务的能力。电子政务云的统一标准不仅有利于各个政务云之间的互联互通，避免产生"信息孤岛"，也有利于避免重复建设。

2.3   人工智能的血液——大数据

在未来几年中，各种新的、强大的数据源会持续爆炸式地增长，它们将会对高级分析产生巨大的影响。例如，仅仅依靠人口统计学和销售历史来分析顾客的时代已经成为历史。事实上，每一个行业中，都将出现或者已经出现了至少一种崭新的数据源。其中一些数据源被广泛应用于各个行业，而另外一些数据源则只对很小一部分行业和市场具有重大意义。这些数据源都涉及了一个新术语，该术语受到人们越来越多的关注，该术语便是——大数据。

大数据如雨后春笋般出现在各行各业中，如果能够适当地使用大数据，将可以扩大企业的竞争优势。如果一个企业忽视了大数据，将会为其带来风险，并导致其在竞争中渐渐落后。为了保持竞争力，企业必须积极地去收集和分析这些新的数据源，并深入了解这些新数据源带来的新信息。专业的分析人士将有很多的工作要做，将大数据和其他已经被分析了多年的数据结合在一起，并不是一件容易的事情。如某快餐公司通过大数据视频分析等候队列的长度，然后自动变化电子菜单显示的内容。如果队列较长，则显示可以快速供给的食物;如果队列较短，则显示那些利润较高但准备时间相对长的食品。

2.3.1 大数据的概念

"大数据"的概念起源于 2008 年 9 月《自然》(*Nature*) 杂志刊登的名为 *Big data* 的专题。2011 年《科学》(*Science*) 杂志也推出专刊 *Dealing with data* 对大数据的计算问题进行讨论。谷歌、雅虎、亚马逊等著名企业在此基础上，总结了他们利用积累的海量数据为用户提供更加人性化服务的方法，进一步完善了"大数据"的概念。

大数据又称海量数据，指的是以不同形式存在于数据库、网络等媒介上蕴含丰富信息的规模巨大的数据。

大数据的基本特征可以用 4 个 V 来总结，具体含义为：

Volume，规模性，数据体量巨大，可以是 TB 级别，也可以是 PB 级别；

Variety，多样性，数据类型繁多，如网络日志、视频、图片、地理位置信息等；

Value，价值密度，以视频为例，连续不间断监控过程中，可能有用的数据仅仅有一两秒；

Velocity，高速性，处理速度快，这一点与传统的数据挖掘技术有着本质的不同。

简而言之，大数据的特点是体量大、多样性、价值密度低、速度快。

2.3.2 大数据的特征

学术界已经总结了大数据的许多特点，包括体量巨大、速度极快、模态多样、潜在价值大等。目前关于大数据的特征还具有一定的争议，本书采用普遍被接受的4V：规模性（Volume），多样性（Variety），价值密度（Value）和高速性（Velocity）进行描述。

1. 规模性（Volume）

非结构化数据的超大规模和增长，导致数据集合的规模不断扩大，数据单位已从 GB 到 TB 再到 PB，甚至开始以 EB 和 ZB 来计数。

根据著名咨询机构 IDC（Internet Data Center）作出的估测，人类社会产生的数据一直都在以每年 50%的速度增长，这被称为"大数据摩尔定律"。这意味着，人类在最近两年产生的数据量相当于之前产生的全部数据量之和。预计到 2025 年，全球将总共拥有 163 ZB 的数据量，全球每年的云计算量将超过 14 ZB。

2. 多样性（Variety）

大数据的类型不仅包括网络日志、音频、视频、图片、地理位置信息等结构化数据，还包括半结构化数据甚至非结构化数据，具有异构性和多样性的特点。

大数据类型繁多，在编码方式、数据格式、应用特征等多个方面存在差异，既包含传统的结构化数据，也包含类似于 XML、JSON 等半结构化数据和更多的非结构化数据；既包含传统的文本数据，也包含更多的图片、音频和视频数据。

大数据的数据来源众多，科学研究、企业应用和 Web 应用等都在源源不断地生成新的数据。生物大数据、交通大数据、医疗大数据、电信大数据、电力大数据、金融大数据等都呈现出"井喷式"增长，所涉及的数量巨大，已经从 TB 级别跃升到 PB 级别。

大数据的数据类型丰富，包括结构化数据和非结构化数据，其中，前者占 10%左右，主要是指存储在关系数据库中的数据；后者占 90%左右，种类繁多，主要包括邮件、音频、视频、微信、微博、位置信息、链接信息、手机呼叫信息、网络日志等。

如此类型繁多的异构数据，对数据处理和分析技术提出了新的挑战，也带来了新的机遇。传统数据主要存储在关系数据库中，但是，在类似 Web 2.0 等应用领域中，越来越多的数据开始被存储在非关系型数据库（Not Only SQL，NoSQL）中，这就必然要求在集成的过程中进行数据转换，而这种转换的过程是非常复杂和难以管理的。传统的联机分析处理（On-Line Analytical Processing，OLAP）和商务智能工具大都面向结构化数据，而在大数据时代，用户友好的、支持非结构化数据分析的商业软件也将迎来广阔的市场空间。

3. 价值密度（Value）

价值密度（Value）是 IBM 公司在 3V 的基础上增加的一个维度来表述大数据的特点，即大数据的数据价值密度低，因此需要从海量原始数据中进行分析和挖掘，从形式各异的数据源中抽取富有价值的信息。

大数据本身存在较大的潜在价值，但由于大数据的数据量过大，其价值往往呈现稀疏性的特点。虽然单位数据的价值密度在不断降低，但是数据的整体价值在提高。

4. 高速性（Velocity）

要求大数据的处理速度快，时效性高，需要实时分析而非批量式分析，数据的输入、处理和分析连贯性地处理。

数据以非常高的速率到达系统内部，这就要求处理数据段的速度必须非常快。

例如，在 1min 内，Facebook 可以产生 600 万次浏览量。以谷歌公司的 Dremel 为例，它是一种可扩展的、交互式的实时查询系统，用于只读嵌套数据的分析，通过结合多级树状执行过程和列式数据结构，它能做到几秒内完成对万亿张表的聚合查询，系统可以扩展到成千上万的 CPU 上，满足谷歌上万用户操作 PB 级数据的需求，并且可以在 2~3 s 内完成 PB 级别数据的查询。

IDC 公司则更侧重于从技术角度的考量，大数据处理技术代表了新一代的技术架构。这种架构能够高速获取和处理数据，并对其进行分析和深度挖掘，总结出具有高价值的数据。

大数据的“大”不仅是指数据量的大小，也包含大数据源的其他特征，如不断增加的速度和多样性。这意味着大数据正以更加复杂的格式从不同的数据源高速向我们涌来。

大数据有一些区别于传统数据源的重要特征，不是所有的大数据源都具备这些特征，但是大多数大数据源都会具备其中的一些特征。

大数据通常是由机器自动生成的，并不涉及人工参与，如引擎中的传感器会自动生成关于周围环境的数据。

大数据源通常设计得并不友好。有的甚至根本没有被设计过，如社交网站上的文本信息流，我们不可能要求用户使用标准的语法、语序等。

因此大数据很难直观了解蕴藏的价值大小，所以创新的分析方法对于挖翻大数据中的价值尤为重要，更是迫在眉睫。

大数据的规模大，要求分析速度快，并且大数据的类型多种多样，其价值密度较小，因此辨别难度大。因为大数据的真伪性难以辨识，并且呈碎片化存储，所以需要经过加工才能显现出大数据的价值。

由于传感技术、社会网络和移动设备的快速发展和大规模普及，导致数据规模以指数级爆炸式增长，并且数据类型和相互关系复杂多样。如视频监控系统产生的海量视频数据、医疗物联网源源不断的健康数据等。其来源包括搭载感测设备的移动设备、高空感测科技（遥感）、软件记录、相机、麦克风、RFID 和无线感测网络等。

正如图灵奖获得者吉姆·格雷（Jim Gray）在其获奖演说中指出：由于互联网 18 个月新产生的数据量将是有史以来数据量之和。也就是每 18 个月，全球数据总量就会翻一番。

2.3.3　大数据的应用场景

大数据的作用极为广泛，下面结合一些实际应用来说明。

案例 1：大数据在城市管理领域的应用

"城管通"全名城市管理系统，是基于大数据开发的一款软件，这款软件须安装在城管工作人员的手机上，直接和指挥部平台系统相连，是利用大数据处理分析方式而建立的"数字城管"的一个典型实例。

"城管通"的主要职责是利用数据处理、分析群众投诉事件。处理事件一般分为七个步骤：事件发起、派单、接单、到达现场、处置、结论、评估。例如路两旁的大树被大雪压断，交通出现拥堵，这时群众报警或是通过 12345 热线报案，就可直接把消息派到指挥中心，指挥中心将快速派人处理类似这样的事情。由城管人员通过手机上的"城管通"派单反映情况，可达到同样的效果。

利用"城管通"，工作人员还可将现场处理的情况通过平台及时反馈给指挥中心，这样，不仅可以跟踪工作轨迹，还可根据处理时长对该事件进行初步评估测试，分析出容易出问题的设施等，真正做到各类型事件的有效追溯。

案例 2：大数据在健康医疗领域的应用

现代生活利用大数据解决问题，使人们在当今城市的快节奏生活中更加便捷。众所周知，以前人们到医院挂号、就诊配药等都要一次次排队，就医难成为不少人的无奈。而如今，随着电子医疗时代的到来，很多百姓可以在网上预约挂号，使用手机就能轻松付费，患者的信息也能够及时进入信息系统形成各类诊疗数据。患者病例记录通过医疗机构标准化，就可以形成多方位的大数据。

医生将患者的基本资料、诊断结果、处方、医疗保险等数据综合起来，通过大数据决策处理软件，为患者提供最佳的医疗护理解决方案。

案例 3：大数据在公共安全领域的应用

美国洛杉矶警察局和美国加州大学合作，利用大数据预测犯罪的发生。他们采集分析了 80 年来 1300 万起犯罪案件，采用算法对犯罪行为进行研究并预测，然后有针对性地进行干预，成功地将相关区域的犯罪率降低了 36 个百分点。

在美国，毒品问题被称为美国社会的"癌症"。为了解决这个问题，他们切断毒品供应，但是却仍然无法禁止毒品的泛滥。其中的原因让人大跌眼镜，原来很多提炼毒品的植物，比如大麻的种植非常容易，甚至可以在家里种植。在马里兰州的巴尔的摩市（约翰·霍普金斯大学所在地）东部，有一些废弃的房屋，人们竟然在里面用 LED 灯偷偷地种植大麻。由于周围社区比较混乱，很少有外人去，因此那里就成了大麻种植者的天堂。更有甚者，在环境优美的西雅图地区，有一家人花 50 万美元买下一栋豪宅，周围种满玫瑰，而在豪宅内部却摆满了盆栽的大麻。房主每年卖大麻的收入不仅足够支付房子的分期付款和电费，而且还让他攒够了首付又买了一栋房子。类似情况在美国各州和加拿大不少地区都有发生，由于种植毒品的人分布地域广泛而且隐秘，定位种植毒品的房屋很困难。而且美国宪法的第四修正案规定："人人具有保障人身、住所、文件及财物的安全，不受无理之搜查和扣押的权利"，因此警察在没有证据时不得随便进入这些房屋搜查。在 2010 年，美国各大媒体报道了一则新闻："在南卡罗来纳州的多切斯特，警察通过智能电表收集上来的各户用电情况分析，抓住了一个在家里种大麻的人。"至此，大数据的分析让在室内种植毒品的犯罪行为得到有效控制。

案例 4：大数据在商业服务领域的应用

奥伦·埃齐奥尼（Oren Etzioni）因为买到高价机票，萌生了对机票价格进行预测的想法，试图帮助用户买到实惠的机票。于是，他创办了科技公司 Farecast，利用从旅游网站爬取的机票价格样本，对其未来走势进行研究分析，并将预测的可信度标示出来，供消费者参考。到 2012 年为止，Farecast 系统用了将近十万亿条价格记录来帮助预测美国国内航班的票价。Farecast 票价预测的准确度已经高达 75%，使用 Farecast 票价预测工具购买机票的旅客，平均每张机票可节省 50 美元。

结合以上案例，总结得出大数据的作用包括（但不限于）如下几个方面。

（1）应用在公共卫生、公共交通、公共安全等领域，可以为政府节省大量人力、物力成本，极大地提高工作效率。

（2）对为大量消费者提供产品或服务的企业来说，可以利用大数据的分析与挖掘进行精准营销，帮助企业降低成本、提高效率、开发新产品、作出更明智的业务决策，消费者也因此而受益。

（3）对面临互联网压力的传统企业来说，可以利用大数据做服务转型，根据实际需求调整产品策略。

（4）健康医疗大数据对于优化健康医疗资源配置、节约信息共享成本、创新健康医疗服务的内容与形式、提供临床决策与精准医学研究等具有重要的价值。

2.4 人工智能的安全保障——区块链

或许你第一次听到区块链这个词是因为比特币，也可能是通过某个金融科技峰会。但是，不知道你有没有发现，区块链技术发展到今天，似乎所有行业都说自己和区块链有点关系：我们正在积极探讨区块链技术，我们正在组建区块链实验室，我们的某位专家是区块链行业的"大牛"，他会带领我们用区块链的思维探索企业新的转型之路……诸如此类的话不绝于耳。似乎世界上的任何东西都能和区块链扯上关系，那究竟什么是区块链呢？

2.4.1 区块链的认知

1. 什么是区块链

区块链是分布式数据存储、点对点传输、共识机制、加密算法等计算机技术的新型应用模式。

狭义来讲，区块链是一种按照时间顺序将数据区块以顺序相连的方式组合成的一种链式数据结构，并以密码学方式保证的不可篡改和不可伪造的分布式账本。如图 2-4 所示。

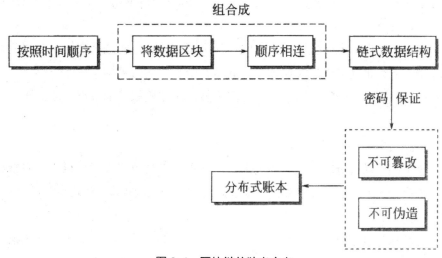

图 2-4　区块链的狭义含义

广义来讲，区块链技术是利用块链式数据结构来验证与存储数据、利用分布式节点共识算法来生成和更新数据、利用密码学的方式保证数据传输和访问的安全、利用由自动化脚本代码组成的智能合约来编程和操作数据的一种全新的分布式基础架构与计算范式，如图 2-5 所示。

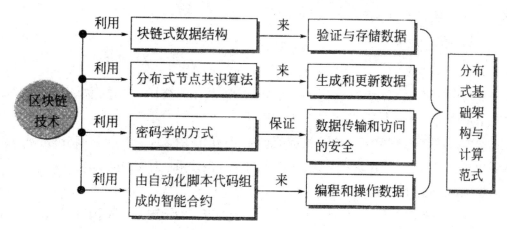

图 2-5　区块链的广义含义

2. 区块链的四大特点

经过无数次的记账，区块链就成为一个可信赖、超容量的公共账本。它具有以下几个特征。

1）去中心化

区块链系统由多个节点共同组成一个端到端的网络，不存在中心化的设备或管理机构，任何人或节点都可以参与区块链网络，任一节点的权利和义务都是均等的，每个节点都可以获得一份完整的数据库拷贝。系统中的数据块由整个系统中所有具有维护功能的节点通过竞争记账共同维护，且任一节点的损坏或者失效都不会影响整个系统的运作。

2）共识信任机制

区块链技术从根本上改变了中心化的信任机制，节点之间数据交换通过数字签名技术进行验证，无须相互信任，通过技术背书而非中心化信用机构来进行信用建立。在系统指定的规则范围和时间范围内，节点之间不能也无法欺骗其他节点，即少量节点无法完成造假。

3）信息不可篡改

区块链系统将通过分布式数据库的形式，让每个参与节点都能获得一份完整数据库的拷贝。每一笔交易都可以通过密码学算法与相邻两个区块串联，实现交易的可追溯性。

4）匿名性

区块链的运行规则是公开透明的，数据信息也是公开的，节点间无须互相信任，因此节点间无须公开身份，系统中的每个参与的节点都是匿名的。参与交易的双方通过地址传递信息，即便获取了全部的区块信息也无法知道参与交易的双方到底是谁，只有掌握了私钥的人才能开启自己的"钱包"。

可以说，区块链的特点及发展来源于它所产生的土壤——互联网业务的发展和云计算、大数据等技术的兴起。区块链是一种巨大的技术突破，尽管现在还处于基础建设阶段，但未来10年具有变革金融行业的潜力。

3. 区块链的分类

1）公有区块链

公有区块链是指世界上任何个体或者团体都可以发送交易，且交易能够获得该区块链的有效确认，任何人都可以参与其共识过程。

公有区块链是最早的区块链，也是目前应用最广泛的区块链，各大比特币系列的虚拟数字货币均基于公有区块链，世界上有且仅有一条该币种对应的区块链。

2）联合（行业）区块链

行业区块链是由某个群体内部指定多个预选的节点为记账人，每个块的生成由所有的预选节点共同决定（预选节点参与共识过程），其他接入节点可以参与交易，但不过问记账过程（本质上还是托管记账，只是变成分布式记账，预选节点的多少、如何决定每个块的记账者成为该区块链的主要风险点），其他任何人可以通过该区块链开放的应用编程接口（API）进行限定查询。

联盟链可以视为"部分去中心化"，区块链项目 R3 CEV 就可以认为是联盟链的一种形态。

3）私有区块链

私有区块链仅仅使用区块链的总账技术进行记账，可以是一个公司，也可以是个人独享该区块链的写入权限，目的是对读取权限或者对外开放权限进行限制。本链与其他的分布式存储方案没有太大区别。

4. 区块链的工作原理

那么，区块链究竟是如何工作的呢？我们假设 A 和 B 之间要发起一笔交易，A 先发起一个请求——我要创建一个新的区块，这个区块就会被广播给网络里的所有用户，所有用户验证同意后该区块就被添加到主链上。这条链上拥有永久和透明可查的交易记录——全球一本账，每个人都可以查找。

区块链技术实际上是一个分布式数据库，在这个数据库中记账不是由个人或者某个中心化的主体来控制的，而是由所有节点共同维护、共同记账的，所有的单一节点都无法篡改它。

如果你想篡改一个记录，你需要同时控制整个网络超过 51% 的节点或计算能力才可以，而区块链中的节点无限多且无时无刻都在增加新的节点，这基本上是不可能完成的事情，而且篡改的成本非常高，几乎任何人都承担不起。

5. 区块链与物联网

物联网是一个设备、车辆、建筑物和其他实体（嵌入了软件、传感器和网络连接）相互连接的世界，包括小到恒温器，大到自动驾驶汽车，如配有召唤模式的特斯拉 Model S 型轿车，这些都可以成为物联网的一部分。但是现在的物联网存在一些问题，如汽车系统可能会受到恶意攻击，房屋进入系统的安全性问题，还有互联网的安全挑战，而区块链的出现让这些问题都迎刃而解。

物联网作为互联网基础上延伸和扩展的网络，通过应用智能感知、识别技术与普适计算等计算机技术，实现信息交换和通信，同样能够满足区块链系统的部署和运营要求。

2015 年全球的物联网设备数量 49 亿台，根据有关机构预测，2025 年全球物联网设备的数量将达到 386 亿台左右，如图 2-6 所示。

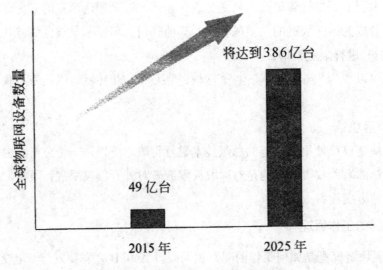

图 2-6　全球物联网设备数量发展预测

随着物联网中设备数量的增加，如果以传统的中心化网络模式进行管理，将带来巨大的数据中心基础设施建设投入及维护投入。

此外，基于中心化的网络模式也会存在安全隐患。区块链的去中心化特性为物联网的自我治理提供了方法，可以帮助物联网中的设备理解彼此，并让物联网中的设备知道不同设备之间的关系，实现对分布式物联网的去中心化控制。

2.4.2 区块链的应用

目前，区块链应用已经从单一的数字货币应用延伸到金融、农业、能源、教育、医疗等多个领域，可以极大地改善我们的生活，有可能引发新一轮的技术创新和产业变革。

1. 区块链与金融

区块链技术第一个应用领域即为金融服务，由于该技术拥有的一系列优点，这一切都将革新现有金融系统，让它更加安全、高效、便捷。

1）区块链+银行

在大多数国家的现有银行系统中，所有银行都是通过中央电子账本进行账目核对的。这是一个中心化的结构，越靠近中心的机构，权限越高，储存的数据量也越多。而为了维护这个中心化系统中所有数据的准确性，银行需要付出巨大的运营成本。而凭借去中心化的特点，区块链技术可以为银行创建一个分布式的公开可查的网络，其中的所有交易数据是透明和共享的。利用区块链技术进行分布式记账可以削减无效的银行中介，节省很多运营成本。

2）区块链+支付

在众多的区块链应用场景中，"区块链+支付"是最受关注的领域之一。其中，"区块链+支付"在跨境支付领域的优势更为明显，不仅能够降低金融机构间的成本，提高支付业务的处理速度及效率，也为以前不符合实际的"小额跨境支付"开辟了广阔空间。

（1）区块链跨境支付模式。区块链跨境支付，首先需要将金融机构、外汇做市商（流动性提供商）等加入区块链支付网络，构建支付网关。这样可以满足所有参与支付结算的网关节点共同维护交易记录、参与一致性校验的需要，从而省去银行或金融机构间烦琐的对账流程，节省银行资源。图 2-7 给出了区块链跨境支付模式。区块链跨境支付中的四大功能模块，是实现跨境支付的核心业务模块。

（2）区块链跨境支付模式应用前景。区块链跨境支付模式具有广阔的市场前景，未来区块链在支付领域的应用将获得更深更广泛的发展。

当前，国内外市场主体开始尝试将区块链技术应用于跨境支付场景，而且部分中央银行将区块链（DLT）技术作为大额支付系统的备选技术方案开展了测试。随着全球一体化进程的不断加快，跨境贸易规模持续增大，跨境支付的交易量也在不断攀升。

尤其对中国而言，跨境支付需求增长更加迅猛。作为世界第一大出口国和第二大进口国，中国快速增长的跨境交易市场对跨境支付的需求不断扩大。

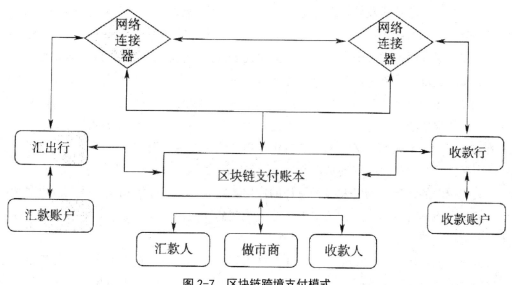

图 2-7　区块链跨境支付模式

从技术适用角度看，支付清算流程是一种典型的多中心场景，与区块链特性匹配度较高。当前，基于区块链的跨境支付业务模式还不成熟，但区块链技术可省去第三方金融机构、实现全天候支付、实时到账、提现简便及没有隐性成本等诸多优点是显而易见的，并且越来越多地改变着资金的转移方式，区块链技术在跨境支付领域有着广阔的发展前景。

区块链在支付领域目前是其技术应用中进展最快的，区块链技术能够避开繁杂的系统，在付款人和收款人之间创造更直接的付款流程，不管是境内转账还是跨境转账，这种方式都有着低价、迅速的特点，而且无须中间手续费。

3）区块链+保险

为保险行业提供软件服务的 Blem 近期推出了一个新产品，这个产品使用区块链技术，可以储存所有的索赔记录。这种基于分布式账簿的产品使承保人和再保险人明确索赔记录和互相的责任。

用区块链技术储存记录可以说是帮了保险公司一个大忙，同时对客户来说也是一大安慰，因为他们终于能放下心来，确定保险公司不会偷偷地更改投保金额、索赔和结算等记录。无论记录何时被上传到区块链，都会被加上时间戳，任何人都不能更改。就算真的有人企图更改记录，这种修改行为会连同获取记录的密钥被详细记录下来。

同时，区块链技术在保险领域还能用于自动结算索赔。保险经纪公司可以根据存储在区块链上的保单创建对应的智能合约，合约包含具体的支付方式和合约执行的前提条件。当有索赔发生时，保险调查员可以核查索赔，在区块链上记录他们的调查结果。这样，整个保险流程就像是一条流水线，可以减少时间和人力资源，同时减少投保人收到索赔款的时间。

2. 区块链与社会公益

随着互联网技术的发展，社会公益的规模、场景、辐射范围及影响力得到空前扩大，"互联网+公益"、普众慈善、指尖公益等概念逐步进入公益主流。同时，各式各样的公益项目借助互联网，实现丰富多彩的传播，使公益的社会影响力被成百倍地放大。

然而，在过去几年里，公益慈善行业时不时地爆发出一些"黑天鹅"事件，极大地打击了民众对公益行业的信任度。公益信息不透明不公开，是社会舆论对公益机构、公益行业的最大质疑。公益透明度影响了公信力，公信力决定了社会公益的发展速度。信息披露所需的人工成本，又是掣肘公益机构提升透明度的重要因素。

而慈善机构要获得持续支持，就必须具有公信力，而信息透明是获得公信力的前提。公众关心捐助的钱款、物资发挥了怎样的作用，既要知道公益机构做了什么，也要知道花了多少、成本有多高。这种公信力和公益成效的高低决定了公益机构能否获得公众的认同和持久支持。

区块链从本质上来说，是利用分布式技术和共识算法重新构造的一种信任机制，是用共信力助力公信力。为了进一步提升公益透明度，公益组织、支付机构、审计机构等均可加入进来作为区块链系统中的节点，以联盟的形式运转，方便公众和社会监督，让区块链真正成为"信任的机器"，助力社会公益的快速健康发展。

区块链中智能合约技术在社会公益场景也可以发挥作用。在对于一些更加复杂的公益场景，比如定向捐赠、分批捐赠、有条件捐赠等，就非常适合用智能合约来进行管理，使得公益行为完全遵从于预先设定的条件，更加客观、透明、可信，杜绝过程中的"猫腻"行为。

3. 区块链与农业

我国农业的现状存在着诸多问题，例如，生产经营传统、粗放，没有完全摆脱靠天吃饭的局面；生产过程中存在大量资源和能源消耗，严重破坏生态环境；农业智能化水平不高；法律约束、监管力度不够，食品安全问题频频发生……

基于我国农业现状，可与区块链技术结合的方向有两个：商品化与农业保险。

1）商品化与区块链：消费流程全透明

生产商可运用互联网身份标识技术，将生产出来的每件产品的信息全部记录在区块链中，在区块链中形成某一件商品的产出轨迹。

例如，小张自产了10斤非转基因小麦，于是他在区块链上添加一条初始记录：小张于某日生产了10斤小麦。接下来，小张把这10斤小麦卖给了去集市赶集的小刘，于是区块链上又增加了一条记录：小刘于某日收到了小张的10斤小麦。之后，小刘把小麦卖给了城里的面包房，区块链上新增记录：面包房于某日收到了小刘的10斤小麦。接着，面包房把小麦做成了面包。最终，当消费者购买面包时，只需在区块链上查询相关信息，就可以追溯面包的整个生产过程，从而鉴定真伪。

2）农业保险与区块链：提升农业智能化

将区块链技术与农业保险相结合，不仅可以有效减少骗保事件，还能大幅简化农业保险的办理流程，提升农业保险的赔付智能化。比如，一旦检测到农业灾害，区块链就会自动启动赔付流程，这样一来，不仅赔付效率显著提升，骗保问题也将迎刃而解。

4.区块链与教育

区块链技术的产生，被认为是颠覆性的、新一代的互联网技术，可以应用于各行各业中，教育行业也可以借助区块链技术而变革、发展。

区块链技术能够通过分享去公正地分配公共社会资源，包括教育资源，同时可以进行在全球范围内的身份和学历验证，在一个更加公平的平台上公开竞争，避免了人为的对教育资源的不公正的操纵与欺骗。具体来说，区块链应用于教育行业具有如图 2-8 所示的意义。

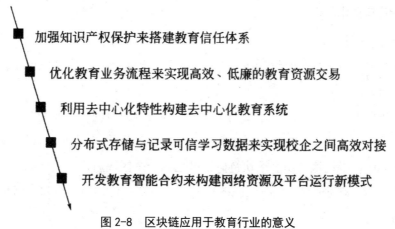

■ 加强知识产权保护来搭建教育信任体系

■ 优化教育业务流程来实现高效、低廉的教育资源交易

■ 利用去中心化特性构建去中心化教育系统

■ 分布式存储与记录可信学习数据来实现校企之间高效对接

■ 开发教育智能合约来构建网络资源及平台运行新模式

图 2-8　区块链应用于教育行业的意义

区块链技术有望在互联网+教育生态的构建上发挥重要作用，其教育应用价值与思路主要体现在如图 2-9 所示的六大方面。

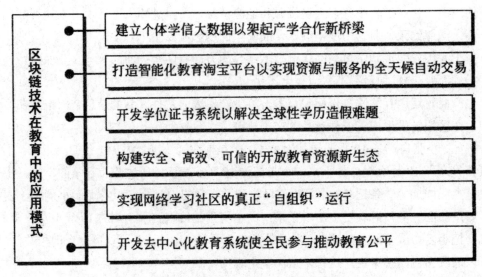

图2-9　区块链技术在教育中的应用模式

近年来，开放教育资源（Open Educational Resources，OER）蓬勃发展，为全世界的教育者和受教育者提供了大量免费、开放的数字资源，但同时也面临版权保护弱、运营成本高、资源共享难、资源质量低等诸多现实难题。构建安全、高效、可信的开放教育资源新生态是当前国际 OER 领域发展的新方向。区块链技术有望成为解决上述难题的"利器"，推动 OER 向更高层次发展。

区块链与在线社区的结合，也是区块链技术在教育领域很有前景的应用方向。区块链技术可以优化和重塑网络学习社区生态，实现社区的真正"自组织"运行，其应用主要体现在使用虚拟币提高社区成员参与度、形成社区智慧流传体系；保护社区成员智力成果、生成观点进化网络；净化社区生态环境、实现社区成员信誉度认证三个方面。

5. 区块链与文化

1）区块链+版权

当今社会产品或服务的版权归属和保护问题很关键也很重要，依靠区块链技术可以让问题迎刃而解。

（1）宣布所有权，加盖时间戳。创作者可以将自己的原创作品及相关协议上传至区块链，随后，将会生成一个与文件对应的哈希值。在之后的交易中，可以将文件的加密哈希值插入其中，当这笔交易被区块链矿工打包到一个区块后，该区块的时间戳就成为该文件的时间戳。这张哈希值+时间戳的数字证书将在一定程度上解决存在证明和作品时效性的问题。

（2）所有权跟踪，全过程追溯。区块链可以从头到尾记录下所有涉及版权使用和交易的环节，从而实现全过程追溯，而且整个过程是不可逆且不可篡改的。此外，区块链技术的应用还能在一定程度上解决无形资产确权和价值评估问题。

国内的社交出版平台"赞赏"甚至提出"版权在作品的创作过程中就应该被确权"。也就是说将一个未成型的、只有几百字的创意从开始到作品成型的全过程记录下来，并且让作品从创意阶段就有可能被确权进入交易环节。

"赞赏"期望通过智能合约规范所有作品权利的行使与追溯，同时在作品创作过程中即引入版权服务商进行交易。

这可以被称作区块链的版权一条龙服务，从源头到产品，一旦确权便不可修改。我们可以设想一下，如果区块链版权证明大规模推广，那些抄袭者们也不会像如今这样猖狂。

当然，利用区块链技术解决版权维护问题也面临着很大挑战。例如，区块链技术的商业化应用和大众化普及率依然很低；区块链技术的相关法律还不够完善；哈希值的生成花费巨大，从而增加了过程成本，等等。

2）区块链+艺术品交易

传统艺术品交易中确权问题始终存在，从艺术品的物权、版权、人身权、财产权的归属，到艺术品每次流转记录的认可，都缺少长期有效且具有公信力的方法来确立归属。

目前传统的艺术品交易市场上也存在着一些信用问题，如艺术品伪造。另外，艺术品估价权威难以衡定也时常困扰着人们。针对上述弊端，区块链应用于艺术品市场一直被认为是新的行业机会，其为行业带来的最根本转变如图 2-10 所示。

有助于将艺术品市场从圈层化的桎梏中解放出来

塑造更有流动性的共享式社区秩序

能带来普惠化的数字艺术理念

2-10 区块链应用于艺术品市场的好处

2.5 习题

1.填空题

（1）物联网具有_____的特征。

（2）云计算按服务对象可分为_____、_____和_____。

（3）云计算按服务模式可分为_____、_____和_____。

（4）大数据具有_____的特征。

（5）区块链可分为_____、_____和_____。

2. 选择题

（1）物联网的关键技术包含_____。

　　A. 体系架构技术　　　　　　B. 标识技术

　　C. 传感技术　　　　　　　　D. 通信技术

（2）云计算的特征包含_____。

　　A. 超大规模　　　　　　　　B. 虚拟化

　　C. 高可靠性　　　　　　　　D. 极其昂贵

（3）以下_____是适合大数据应用的场景。

　　A. 城市管理　　　　　　　　B. 公共安全

　　C. 健康医疗　　　　　　　　D. 商业服务

（4）区块链的特点不包括_____。

　　A. 去中心化　　　　　　　　B. 共识信任机制

　　C. 信息可篡改　　　　　　　D. 匿名性

（5）区块链的应用领域有_____。

　　A. 金融　　　　　　　　　　B. 农业

　　C. 教育　　　　　　　　　　D. 文化

3. 简答题

（1）什么是物联网？

（2）试分析云计算给人们生活带来的变化。

（3）试着列举一些大数据应用的场景。

（4）试着阐述区块链的工作原理。

第 3 章　机器学习

机器学习（Machine Learning，ML）是继专家系统之后人工智能应用的又一重要领域，也是人工智能研究的核心课题之一。机器学习一直受到人工智能及认知心理学家们的普遍关注。机器学习一直被公认为是设计和建造高性能专家系统的"瓶颈"，如果在这一研究领域中有所突破，将成为人工智能发展史上的一个里程碑。

近年来，随着专家系统的发展，需要系统具有学习能力，这促进了机器学习的研究，使之获得了较快的发展，研制出了多种学习系统。机器学习与计算机科学、心理学等多个学科都有密切的关系，牵涉的面比较宽，而且许多理论及技术上的问题尚处于研究之中。因此，本章对机器学习的一些基本概念和研究方法进行探讨，以便学生对其有一个初步的认识。

【学习目标】
· 弄清楚机器学习概述。
· 了解归纳学习。
· 熟悉决策树学习。
· 了解类比学习。
· 了解解释学习。

提升学生科学思维方法的训练，提高学生机器算法的学习能力及分析解决复杂问题的能力。

3.1　机器学习概述

3.1.1　机器学习的概念

机器学习作为一门多领域的交叉学科，涉及概率论、统计学、微积分、代数学、算法复杂度理论等多门学科。它通过让计算机自动"学习"的算法来实现人工智能，是人类在人工智能领域展开的积极探索。在进行此理论学习前，我们应该了解学习是什么。

1. 学习的概念

学习是一个人们习以为常的概念，但究竟什么是学习，至今仍无一个统一的定义。在各种不同的学习观点中，影响最大的有以下几种。

（1）西蒙（Simon，1983年）认为：学习就是系统中的适应性变化，这种变化使系统在重复同样工作或类似工作时，能够做得更好。

（2）明斯基（Minsky，1985年）认为：学习是在人们头脑里（心理内部）有用的变化。

（3）米哈尔斯基（Michalski，1986年）认为：学习是对经历描述的建立和修改。

在上述三种观点中，西蒙的观点虽然被广泛采用，但却难以对系统的改善给出严格的准则；明斯基本人后来也发现这个定义对应用来说太广了；米哈尔斯基的观点则强调了知识的表示、存储和修改。这些观点虽然不尽相同，但都包含了知识获取和能力改善这两个主要方面。所谓知识获取是指获得知识、积累经验、发现规律等。所谓能力改善是指改进性能、适应环境、实现自我完善等。在学习过程中，知识获取与能力改善是密切相关的，知识获取是学习的核心，能力改善是学习的结果。

通过以上分析，我们可以对学习给出如下较为一般的解释：学习是一个有特定目的的知识获取和能力增长的过程，其内在行为是获得知识、积累经验、发现规律等，其外部表现是改进性能、适应环境、实现自我完善等。

2. 机器学习

机器学习又是怎样一门学科呢？机器学习是利用计算机辅助工具来为人类创造价值，机器学习是一个新的领域，它是实现人工智能与生活生产有机结合而兴起的一门学科。如计算机科学（人工智能、理论计算机科学）、数学（概率和数理统计、信息科学、控制理论）、心理学（人类问题求解和记忆模型）、生物学及遗传学（遗传算法、连接主义）、哲学（奥卡姆剃刀）等。

机器学习有下面几种定义。

（1）机器学习是一门人工智能的科学，该领域的主要研究对象是人工智能，特别是如何在经验学习中改善具体算法的性能。

（2）机器学习是对能通过经验自动改进的计算机算法的研究。

（3）机器学习是用数据或以往的经验，以此优化计算机程序的性能标准。一种经常引用的英文定义是：A computer program is said to learn from experience E with respect to some class of tasks T and performance measure P, if its performance at tasks in T, as measured by P, improves with experience E. 在"科普中国"科学百科词条编写与应用工作项目中，机器学习定义为：是一门多领域交叉学科，涉及概率论、统计学、逼近论、凸分析、算法复杂度理论等多门学科。专门研究计算机怎样模拟或实现人类的学习行为，以获取新的知识或技能，重新组织已有的知识结构使之不断改善自身的性能。它是人工智能的核心，是使计算机具有智能的根本途径，其应用遍及人工智能的各个领域，它主要使用归纳、综合，而不是演绎。

3.1.2　机器学习的主要任务

机器学习可以完成多种类型的任务，常见的有回归、分类、机器翻译、异常检测、去噪、结构化输出、转录等，还有其他类型的或者更复杂的任务。在这里仅对列举的这些任务类型进行简要介绍。

1. 回归

回归任务源于概率论与数理统计中的回归分析。在这类任务中，算法需要对给定的输入预测数值。

在统计学中，变量之间的关系可以分为两类。

（1）确定性关系，这类关系可以用 $y=f(x)$ 来表示，x 给定后，y 的值就唯一确定了。

（2）非确定性关系，即所谓的相关关系。具有相关关系的变量之间具有某种不确定性，不能用完全确定的函数形式表示。尽管如此，通过对它们之间关系的大量观察，仍可以探索出它们之间的统计学规律。

回归分析研究的正是这种变量与变量之间的相关关系。回归任务通常解决带有预测性质的问题，它和分类任务是很像的（除了返回结果的形式不一样外，回归分析返回的结果是预测数值）。

例如，输入之前股市某一证券的价格来预测其未来的价格就属于一个回归任务。线性回归算法通过拟合绘制在统计图上的价格数据（实际上数据很多）来得到一个近似的价格和时间之间的函数，通过这个函数就能精准地预测将会出现的价格。鉴于此，这一类的预测会经常被用在交易算法中。

2. 分类

分类任务最终的目的是通过机器学习算法将输入的数据按预设的类别进行划分。完成这种任务的过程大致可以表示成函数

$$f : R^n \rightarrow \{1, \cdots, k\}$$

其中，R^n 代表输入，分类的类别有 $1, \cdots, k$ 共 k 种。

设输入数据为 x，当存在 $y=f(x)$ 时，可以判定数字码 y 代表输入 x 的类别。在有些情况下，$f(x)$ 输出的值可能是一组概率分布数字，此时输入所属的类别就是这组数字中较大的那个。

MNIST 手写字识别是最基础的分类任务。该任务输入的是几万张 28×28 像素的黑白图片，图片上有手写的数字 0~9，要求将这些手写字图片根据其上所写数字进行分类。

对象识别是计算机进行人脸识别的基本技术，属于分类任务中比较复杂的一种。典型的情况是，在输入的图片或视频中框选出需要找出的对象并进行标注，比如图片中的人是男是女、视频中服务员手里拿的是咖啡还是可乐。对象识别的复杂度会随着输入数据量的增大及对象类别的增多而上升。人脸识别技术可用于标记相片或视频中的人脸，

这将更好地帮助计算机与用户进行交互。

3. 机器翻译

机器翻译任务通常适用于对自然语言的处理，比如输入的是汉语，形式可能是文本或音频等，计算机通过机器学习算法系统将其转换为另一种语言，比如英语或德语，形式也有可能是文本或音频等。

容易和机器翻译发生混淆的是自然语言处理（Natural Language Processing，NLP）。自然语言处理的目的是实现人机间的自然语言通信。从这点上来看，自然语言处理似乎是和人脸识别技术殊途同归。实现机器的自然语言理解或生成是十分困难的，这些困难往往是由自然语言文本和对话的各个层次上广泛存在的各种各样的歧义性或多义性造成的。

4. 异常检测

在这类任务中，计算机程序会根据正常的标准在一组事件或对象中进行筛选，并对不正常或非典型的个体进行标记。

挑选传送带上合格的产品是异常检测任务的一个典型案例，另一个案例是信用卡或短信诈骗检测。

对于一个异常检测任务而言，难点就在于如何对正常的标准进行算法建模，这往往需要进行大量的观察。

5. 去噪

干净的输入样本 x（样本可能是图片、视频或录音等）经过未知的损坏过程后会得到含有噪声的输入样本 $x*$。

在去噪任务中会将含有噪声的输入样本经过某一算法得到未损坏的样本 x，或者在得到干净的输入样本 x 之后进行其他任务，比如分类或回归等。

6. 结构化输出

结构化输出指的是这类任务的输出数据包含多个独立的值，而且每个值之间存在重要的关系，只是对于输出数据的结构没有过多的限制。

例如，对图像进行像素级分割，将每一个像素分配到特定类别。这种情况通常在汽车自动驾驶时出现，摄像头将道路情况扫描出来，深度学习算法首先会将道路上的内容进行分类（类别可能是路障、斑马线或路中线等），之后根据这些类别数据操作汽车的行驶状态。

再如，语法分析——将自然语言句子映射到语法结构树，并对树的节点进行词性标记，如动词、名词或副词等。当然，也有可能是计算机程序观察到一幅图之后以自然语言句子的形式输出对这幅图像的描述。这些例子都属于结构化输出任务。

理解"每个值之间存在重要的关系"十分重要，这也是这类任务之所以被称为结构化输出的原因。例如，图片的描述必须是一个通顺的句子。

7. 转录

"转录"（Transcription）一词经常会出现在生物学领域，指的是遗传信息从脱氧核糖核酸（DNA）流向核糖核酸（RNA）的过程，即以双链 DNA 中确定的一条链（模板链用于转录，编码链不用于转录）为模板，以腺苷三磷酸（ATP）、胞苷三磷酸（CTP）、鸟苷三磷酸（GTP）、尿苷三磷酸（UTP）4 种核苷三磷酸为原料，在 RNA 聚合酶催化下合成 RNA 的过程。

机器学习中，转录任务会对一些非结构化或难以描述的数据进行转录，使其呈现为相对简单或结构化的形式。举个典型的例子，比如输入一张带有文字的图片，经过算法后将图片中 A 的文字输出为文字序列（ASCII 码或 Unicode 码）；输入的也可以是语音，输入的音频波形在经过算法之后会输出相应的字符或单词 ID 的编码。

3.1.3 机器学习的发展史

1. 四个发展阶段

从 20 世纪 50 年代研究机器学习以来，不同时期的研究途径和目标并不相同，可以将其划分为四个阶段。

第一阶段是 20 世纪 50 年代中叶到 60 年代中叶，这个时期主要研究"有无知识的学习"，这类方法主要是研究系统的执行能力。这个时期，主要通过对机器的环境及其相应性能参数的改变来检测系统所反馈的数据，就好比给系统一个程序，通过改变它们的自由空间作用，系统将会受到程序的影响而改变自身的组织，最后这个系统将会选择一个最优的环境生存。在这个时期最具有代表性的研究就是 Samuet 的下棋程序。但这种机器学习的方法还远远不能满足人类的需要。

第二阶段从 20 世纪 60 年代中叶到 70 年代中叶，这个时期主要研究将各个领域的知识植入系统里，在本阶段的目的是通过机器模拟人类学习的过程。同时还采用了图结构及其逻辑结构方面的知识进行系统描述，在这一研究阶段，主要是用各种符号来表示机器语言，研究人员在进行实验时意识到学习是一个长期的过程，从这种系统环境中无法学到更加深入的知识，因此研究人员将各专家学者的知识加入系统里，经过实践证明这种方法取得了一定的成效。在这一阶段具有代表性的工作有 Hayes-Roth 和 Winson 的对结构进行学习的系统方法。

第三阶段从 20 世纪 70 年代中叶到 80 年代中叶，称为复兴时期。在此期间，人们从学习单个概念扩展到学习多个概念，探索不同的学习策略和学习方法，且在本阶段已开始把学习系统与各种应用结合起来，并取得很大的成功。同时，专家系统在知识获取方面的需求也极大地刺激了机器学习的研究和发展。在出现第一个专家学习系统之后，示例归纳学习系统成为研究的主流，自动知识获取成为机器学习应用的研究目标。1980 年，在美国的卡内基梅隆（CMU）召开了第一届机器学习国际研讨会，标志着机器学习研究已在全世界兴起。此后，机器学习开始得到了大量的应用。"Strategic Analysis and

Information System"国际杂志连续三期刊登有关机器学习的文章。1984 年，由 Simon 等 20 多位人工智能专家共同撰文编写的"Machine Learning"文集第二卷出版，国际性杂志"Machine Learning"创刊，更加显示出机器学习突飞猛进的发展趋势。这一阶段代表性的工作有 Mostow 的指导式学习、Lenat 的数学概念发现程序、Langley 的 BACON 程序及其改进程序。

第四阶段从 20 世纪 80 年代中叶到现在，是机器学习的最新阶段。这个时期的机器学习具有如下特点。

（1）机器学习已成为新的边缘学科，它综合应用了心理学、生物学、神经生理学、数学、自动化和计算机科学等，形成了机器学习理论基础。

（2）融合了各种学习方法，且形式多样的集成学习系统研究正在兴起。

（3）机器学习与人工智能各种基础问题的统一性观点正在形成。

（4）各种学习方法的应用范围不断扩大，一部分应用研究成果已转化为商品。

（5）与机器学习有关的学术活动空前活跃。[①]

2. 机器学习进入新阶段的重要表现

（1）机器学习已成为新的边缘学科并在高校形成一门课程。它综合应用心理学、生物学和神经生理学以及数学、自动化和计算机科学等学科形成机器学习的理论基础。

（2）结合各种学习方法，取长补短的多种形式的集成学习系统研究正在兴起。例如，连接学习与符号学习的结合可以更好地解决连续性信号处理中知识与技能的获取与求精问题。

（3）机器学习与人工智能各种基础问题的统一性观点正在形成，例如学习与问题求解结合进行、知识表达便于学习的观点产生了通用智能系统 SOAR 的组块学习。类比学习与问题求解结合的基于案例方法已成为经验学习的重要方向。

（4）各种学习方法的应用范围不断扩大，一部分已形成商品。归纳学习的知识获取工具已在诊断分类型专家系统中广泛使用。连接学习在声图文识别中占优势。分析学习已用于设计综合型专家系统。遗传算法与强化学习在工程控制中有较好的应用前景。与符号系统耦合的神经网络连接学习将在企业的智能管理与智能机器人运动规划中发挥作用。

（5）数据挖掘和知识发现的研究已形成热潮，并在生物医学、金融管理、商业销售等领域得到成功应用，给机器学习注入新的活力。

（6）与机器学习有关的学术活动空前活跃。国际上除每年一次的机器学习研讨会外，还有计算机学习理论会议以及遗传算法会议。

3.1.4　机器学习的主要策略

学习是一项复杂的智能活动，学习过程与推理过程是紧密相连的，按照学习中使用

---

① 陈海虹. 机器学习原理及应用[M]. 成都：电子科技大学出版社，2017.

推理的多少，机器学习所采用的策略大体上可分为 4 种——机械学习、示教学习、类比学习和示例学习。学习中所用的推理越多，系统的能力越强。

机械学习就是记忆，是最简单的学习策略，这种学习策略不需要任何推理过程。外界输入知识的表示方式与系统内部表示方式完全一致，不需要任何处理与转换。虽然机械学习在方法上看来很简单，但由于计算机的存储容量相当大，检索速度又相当快，而且记忆精确、无丝毫误差，所以也能产生人们难以预料的效果。塞缪尔的下棋程序就是采用了这种机械记忆策略。为了评价棋局的优劣，他给每一个棋局都打了分，对自己有利的分数高，不利的分数低，走棋时尽量选择使自己分数高的棋局。这个程序可以记住 53 000 多个棋局及其分值，并能在对弈中不断地修改这些分值以提高自己的水平，这对于人来说是无论如何也办不到的。

比机械学习更复杂的是示教学习策略。对于使用示教学习策略的系统来说，外界输入知识的表达方式与内部表达方式不完全一致，系统在接受外部知识时需要一点推理、翻译和转化工作。MYCIN、DENDRAL 等专家系统在获取知识上都采用这种学习策略。

采用示例学习策略的计算机系统，事先完全没有完成任务的任何规律性的信息，所得到的只是一些具体的工作例子及工作经验。系统需要对这些例子及经验进行分析、总结和推广，得到完成任务的一般性规律，并在进一步的工作中验证或修改这些规律，因此需要的推理是最多的。

类比学习系统只能得到完成类似任务的有关知识，因此学习系统必须能够发现当前任务与已知任务的相似点，由此制定出完成当前任务的方案，因此比上述两种学习策略需要更多的推理。

此外，还有基于解释的学习、决策树学习、增强学习和基于神经网络的学习等。

3.2　示例学习

归纳学习是研究最广的一种符号学习方法，它表示从例子设想出假设的过程。归纳学习也可以看作一个搜索问题的过程，它在预定义的假设空间中搜索假设，使其与训练样例有最佳的拟合度。归纳学习能够获得新的概念，创立新的规则，发现新的理论。它的一般操作是泛化（Generalization）和特化（Specialization）。泛化用来扩展一假设的语义信息，以使其能够包含更多的正例，应用于更多的情况。特化是泛化的相反操作，用于限制概念描述的应用范围。

3.2.1　归纳学习的基本概念

归纳是指从个别到一般、从部分到整体的一类推论行为。归纳推理是应用归纳方法所进行的推理，即从足够多的事例中归纳出一般性的知识，它是一种从个别到一般的推理。由于在进行归纳时，多数情况下不可能考察全部有关的事例，因而归纳出的结论不能绝对保证它的正确性，只能在一定程度上相信它为真，这是归纳推理的一个重要特征。

归纳推理是人们经常使用的一种推理方法，人们通过大量的实践总结出了多种归纳方法，如：枚举归纳、联想归纳、类比归纳、逆推理归纳、消除归纳等。

归纳学习是应用归纳推理进行学习的一类学习方法，旨在从大量的经验数据中归纳抽取出一般的判定规则和模式，是从特殊情况推导出一般规则的学习方法，它的目标是形成合理的能解释已知事实和预见新事实的一般性结论。比如为系统提供各种动物的例子，并且告诉系统哪些是鸟，哪些不是鸟，系统通过归纳学习可以总结出识别鸟的一般规则，将鸟与其他动物区分开来。

3.2.2 示例学习的分类

示例学习也称为实例学习，它是一种从具体示例中导出一般性知识的归纳学习方法。这种学习方法给学习者提供某一概念的一组正例和反例，学习者从这些例子中归纳出一个总的概念描述，并使这个描述适合于所有的正例，排除所有的反例。

示例学习有多种不同的分类方法。例如，可根据可用例子的不同来源进行分类，也可根据可用例子的不同类型进行分类。

1. 按例子的来源分类

根据例子来源的不同，示例学习可分为以下几种。

（1）例子来源于学习者以外的外部环境的示例学习。在这种方式下，例子产生的过程是随机的。

（2）例子来源于教师的示例学习。

（3）例子来源于学习者本身的示例学习。学习者明确知道自己的状态，但完全不清楚所要获取的概念。学习者可以根据信息产生例子，并让学习环境或教师来区分正例或反例。

2. 按可用例子的类型分类

根据学习者所获取的可用例子的类型，示例学习可分为以下两种。

（1）利用正例和反例的示例学习。这是示例学习的一种典型方式，它用正例来产生概念，用反例来防止概念外延扩大。

（2）仅利用正例的示例学习。这种学习方法会使推出的概念的外延扩大化。一种有效的解决办法是依靠预先了解的领域知识对推导出的概念加以限制。

示例学习也称实例学习，它是一种从具体示例中导出一般性知识的归纳学习方法。这种学习方法给学习者提供某一概念的一组正例和反例，学习者从这些例子中归纳出一个总的概念描述，并使这个描述适合于所有的正例，排除所有的反例。

3.2.3　示例学习的模型

示例学习的两种空间模型是示例学习的基本模型，如图 3-1 所示。在该模型中，有两个重要空间和两个主要过程，它们分别是示例空间、规则空间、解释过程和验证过程。

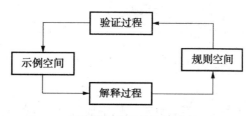

图 3-1　示例学习的两种空间模型

1. 示例空间

示例空间是人们向系统提供的示教例子的集合。对示例空间，有两个重要问题，一个是例子的质量，另一个是示例空间的搜索方法。

（1）例子的质量。示例空间的例子应该是无二义性的，只有这样才能对解释过程和验证过程提供可靠的指导。而那些低质量的例子不仅会引起相互矛盾的解释，而且也会影响知识正确性的验证。在示例学习中，示例空间中的示例被明确地分为正例和反例两部分。如果示例空间中的示例未经分类，则相应的学习方法称为观察和发现学习。

（2）示例空间的搜索方法。搜索示例空间的目的一般是要选择适当的示例，以便证实或否决规则空间中的知识。可见，搜索示例空间的方法是与规则空间有关的。其主要策略有以下三种。

①如果选择示例的目的是验证某个规则，则应优先选择规则集中最有希望的规则，然后再针对这些规则从示例空间中选择适当的示例对其进行验证。

②如果选择示例的目的是为了缩小规则空间的搜索范围，则应优先选择那些对划分规则空间最有利的示例，以便尽快缩小在规则空间中的搜索范围。

③如果选择示例的目的是否决规则集中的某个规则，则应注意选择那些与规则相矛盾的示例。

2. 规则空间

规则空间是事物所具有的各种规律的集合。例如，"猫有两只眼睛""猫有四条腿""猫会捉老鼠""猫会喵喵叫"等。规则空间涉及的两个主要问题是对规则空间的要求和规则空间的搜索方法。

（1）对规则空间的要求。对规则空间的要求主要有以下三个方面：

①规则的表示应与示例的表示一致；

②规则表示方法应适应归纳推理的要求；

③规则空间应包含要求的规则。

其中，前两个方面的要求仅涉及归纳过程的难易程度，而第三个方面的要求则涉及能否推出规则的问题。

（2）规则空间的搜索方法。规则空间搜索的常用方法有变形空间法、改进规则法及产生与测试法等。其中，变形空间法采用统一的形式表示规则和示例；改进规则法的规则表示和示例表示形式不统一，系统根据示例选择一种操作，并用该操作去改进规则空间中的规则；产生与测试法先由示例产生规则，然后再针对示例反复产生和测试所生成的规则。

3. 解释过程

解释过程的主要任务是从搜索到的示例中抽象出所需的信息，并对这些信息进行综合、归纳，形成一般性的知识。这种形成知识的过程实际上是一个归纳推理的过程。解释过程是示例学习的最主要组成部分，其常用的解释方法有把常量转换为变量、去掉条件、增加选择和曲线拟合等。

4. 验证过程

验证过程的主要任务是从示例空间中选择新的示例，对刚刚归纳出的规则做进一步的验证和修改。其中，最主要的问题是选择哪些新的示例和怎样得到这些示例。例如，可以采用启发式方法选择哪些边界示例对规则进行验证。

5. 两种空间模型的学习过程

在两种空间模型下，示例学习的学习过程如下：

（1）为示例空间提供足够多的示教例子；

（2）由解释过程对示例空间的例子进行解释，并抽象出一般性知识，放入规则空间；

（3）由验证过程利用示例空间的示例对这个知识的正确性进行验证，如果发现该知识不正确，则需要再到示例空间中获取示例，并对刚形成的知识进行修正。

（4）重复上述循环。

3.2.3 示例学习的解释方法

解释方法是指解释过程从具体示例形成一般性知识所采用的归纳推理方法。下面介绍其中最常用的几种解释方法。

1. 把常量化为变量

这是枚举归纳的一种常用方法。例如，假设示例空间中有以下两个关于扑克牌中"同花"概念的示例。

示例1：

$$花色(c_1, 梅花) \wedge 花色(c_2, 梅花) \wedge 花色(c_3, 梅花) \wedge 花色(c_4, 梅花) \wedge$$
$$花色(c_5, 梅花) \rightarrow 同花(c_1, c_2, c_3, c_4, c_5)$$

示例 2：

$$花色(c_1, 红桃) \wedge 花色(c_2, 红桃) \wedge 花色(c_3, 红桃) \wedge 花色(c_4, 红桃) \wedge$$
$$花色(c_5, 红桃) \rightarrow 同花(c_1, c_2, c_3, c_4, c_5)$$

其中，示例 1 表示 5 张梅花牌是同花，示例 2 表示 5 张红桃牌是同花。对这两个例子，只要把"梅花"和"红桃"用变量 x 代换，就可得到如下一般性的规则。

规则 1：

$$花色(c_1, x) \wedge 花色(c_2, x) \wedge 花色(c_3, x) \wedge 花色(c_4,\ x) \wedge 花色(c_5,\ x) \rightarrow$$
$$同花(c_1, c_2, c_3, c_4, c_5)$$

2. 去掉条件

这种方法是把示例中的某些无关的子条件舍去。例如，有如下示例。

示例 3：

$$花色(c_1, 红桃) \wedge 点数(c_1, 2) \wedge 花色(c_2, 红桃) \wedge 点数(c_2, 3) \wedge$$
$$花色(c_3, 红桃) \wedge 点数(c_3, 4) \wedge 花色(c_4, 红桃) \wedge 点数(c_4, 5) \wedge$$
$$花色(c_5, 红桃) \wedge 点数(c_5, 6) \rightarrow 同花(c_1, c_2, c_3, c_4, c_5)$$

为了学习同花的概念，得到上述规则 1，除了需要把常量变为变量外，还需要把与花色无关的"点数"子条件舍去。

3. 增加选择

增加选择实际上就是在析取条件中增加一个新的析取项。常用的增加析取项的方法有前件析取法和内部析取法两种。

前件析取法是通过对示例的前件的析取来形成知识的。例如，有如下关于"脸牌"的示例。

示例 4：点数$(c_1, J) \rightarrow 脸(c_1)$

示例 5：点数$(c_1, Q) \rightarrow 脸(c_1)$

示例 6：点数$(c_1, K) \rightarrow 脸(c_1)$

将各示例的前件进行析取，就可得到所要求的规则。

规则 2：点数$(c_1, J) \vee 点数(c_1, Q) \vee 点数(c_1, K) \rightarrow 脸(c_1)$

内部析取法是在示例的表示中使用集合与集合的成员关系来形成知识的。例如，有如下关于"脸牌"的示例。

示例 7：点数$c_1 \in \{J\} \rightarrow 脸(c_1)$

示例 8：点数$c_1 \in \{Q\} \rightarrow 脸(c_1)$

示例 9：点数$c_1 \in \{K\} \rightarrow 脸(c_1)$

用内部析取法，可得到如下规则。

规则 3：点数$(c_1) \in \{J,\ Q,\ K\} \rightarrow 脸(c_1)$

4. 曲线拟合

对数值问题的归纳可采用曲线拟合法。假设在示例空间中，每个示例 (x, y, z) 都是输入 x, y 与输出名之间关系的三元组。例如，有如下 3 个示例。

示例 10：$(0, 2, 7)$

示例 11：$(6, -1, 10)$

示例 12：$(-1, -5, -16)$

用最小二乘法进行曲线拟合，可得到如下表示 x, y, z 之间关系的规则。

规则 4：$z = 2x + 3y + 1$

在上述前三种方法中，方法 1 是把常量转换为变量，它扩大了条件的范围；方法 2 是去掉合取项，即去掉了部分约束条件；方法 3 是增加析取项，即扩大了条件的范围。可见，这三种方法都是要扩大条件的适用范围，并且方法 1 与方法 3 都是直接扩大范围。从归纳速度上看，方法 1 的归纳速度快，但容易出错；方法 2 归纳速度慢，但不容易出错。因此，在使用方法 1 时应特别小心。例如，对上面的示例 4、示例 5 及示例 6，若使用方法 1，则会归纳出如下的错误规则。

规则 5：(错误)点数$(c_1, x) \rightarrow$ 脸(c_1)

这个例子说明，归纳过程是很容易出错的。此外，归纳推理不是保真推理，而是保假的。也就是说，如果前提为真，则得到的结论不一定为真；如果前提为假，则得到的结论一定为假。在示例学习中，引起归纳推理的非保真性的主要原因在于：示例空间中的示例所含的信息往往少于确定规则所需要的最少信息。这也正是示例学习过程需要对所形成的规则进行验证的最主要原因。

3.3　决策树学习

决策树学习也是一种重要的归纳学习方法。决策树是一种实现分治策略的数据结构，通过把实例从根节点排列到某个叶子节点来分类实例，可用于分类和回归。决策树代表实例属性值约束的合取的析取式。从树根到树叶的每一条路径对应一组属性测试的合取，树本身对应这些合取的析取。

3.3.1　决策树

决策树（Decision tree）学习是一种以实例为基础的归纳学习算法。该算法采用自顶向下的递归方式，着眼于从一组无次序、无规则的实例中，推理出决策树形式的分类规则。决策树算法，从内部节点进行属性值比较开始，并根据不同的属性值判断每一个节点向下的分支，在决策树的叶节点得到结论。因此，每一条根到叶节点的路径，就对应着一条合取规则，整棵决策树就对应着一组析取表达式规则。基于决策树的学习算法的最大优点在于：在学习过程中，使用者无须了解很多背景知识，只要训练例子能够用"属性-结论"产生式表达出来，就能使用该算法来学习。

一棵决策树的内部节点表示了属性或属性的集合，其中，内部节点的属性又称测试属性，叶节点则是所要学习划分的类。要对一批实例集进行训练来产生决策树，就从树根开始，对其内部节点逐点测试属性值，顺着分支向下走，直至到达某个叶节点，也就确定了该节点所表示的类。

根据决策树的各种不同属性，有以下几种不同的决策树。

（1）决策树的内部节点的测试属性可以是单变量，也可以是多变量，即每个内部节点可以只有一个属性，也存在包含多个属性的情况。

（2）根据测试属性值的个数，可能使得每个内部节点至少有一个或多个分支。如果每个内部节点只有两个分支，则把该决策树称为二叉决策树。

（3）每个属性可能是数值型，也可能是概念型。其中，二叉决策树可以是前者，也可以是后者。

（4）分类结果既可能是两类，也可能是多类。如果二叉决策树的结果只能有两类，则又称之为布尔决策树。

可利用多种算法来构造决策树，较流行的有 ID3、C4.5、CART 和 CHAID 等算法。构造出决策树的算法可利用测试对象的属性而决定它们的分类。决策树是自上而下形成的。在决策树的每个节点处都有一个属性被测试，测试的结果用来区分对象集。反复进行这个过程直到某个子树中的集合和分类标准是同类的时候停止，这个集合就称为叶节点。在每个节点上，被测试的属性是以寻找最大的信息增益与最小熵为标准来选择的。更简单地说，是计算每个属性的平均熵，再选择平均熵最小的那个属性作为根节点，用同样的方法选择其他节点直到形成整个决策树。

3.3.2 决策树构造算法 CLS

在 CLS 的决策树中，节点对应于待分类对象的属性，由某一节点引出的弧对应于这一属性可能取的值，终叶节点对应于分类的结果。下面考虑如何生成决策树。

一般地，设给定训练集为 TR，TR 的元素由特定向量及其分类结果表示，分类对象的属性表 AttrList 为 $[A_1, A_2, \cdots, A_n]$，全部分类结果构成的集合 Class 为 $\{C_1, C_2, \cdots, C_m\}$，一般地有 $n \geq 1$ 和 $m \geq 2$。对于每一属性 A_i，其值域为 ValueType（A_i）。值域可以是离散的，也可以是连续的。这样，TR 的一个元素就可以表示成 $\langle X, C \rangle$ 的形式，其中 $X = (a_1, a_2, \cdots, a_n)$，$a_i$ 对应于实例第 i 个属性的取值，$C \in$ Class 为实例 X 的分类结果。

记 $V(X, A_i)$ 为特征向量 X 属性 A_i 的值，则决策树的构造算法 CLS 可递归描述如下。

①如果 TR 中所有实例分类结果均为 C_i，则返回 C_i。

②从属性表中选择某一属性 A 作为检测属性。

③假定 $|\text{ValueType}(A_i)| = k$，根据 A 取值不同，将 TR 划分为 k 个集 $TR_1, TR_2, \cdots,$

TR_k，其中 $\text{TR}_i = \{<X,C>|<X,C> \in \text{TR}\}$ 且 $V(X,A)$ 为属性 A 的第 i 个值。

④从属性表中去掉已做检验的属性 A。

⑤对每一个 i（$1 \leqslant i \leqslant k$），用 TR_i 和新的属性表递归调用 CLS，生成 TR_i 的决策树 DTR_i。

⑥返回以属性 A 为根，以 $\text{DTR}_1, \text{DTR}_2, \cdots, \text{DTR}_k$ 为子树的决策树。

现考虑鸟是否能飞的实例，见表 3-1。

表 3-1　训练实例

Instance	No. of Wings	Broken Wings	Living status	Wings Area/Weight	Fly
1	2	0	alive	2.5	T
2	2	1	alive	2.5	F
3	2	2	alive	2.6	F
4	2	0	alive	3.0	F
5	2	0	alive	3.2	F
6	0	0	alive	0	F
7	1	0	alive	0	F
8	2	0	alive	3.4	T
9	2	0	alive	2.0	F

设属性表为

AttrList={No of wings, Broken winggs, status, area / weight}

各属性的值域分别为

ValueType(No. of wings) = {0,1,2}

ValueType(broken wings) = {0,1,2}

ValueType(status) = {alive,dead}

ValueType(area/weight) = {实数且大于等于0}

系统分类结果集合为

Class = {T,F}

训练集为 TR 共有 9 个实例，见表 3-1。

根据决策树构造算法，TR 的决策树如图 3-2 所示。每个叶子节点表示鸟能（Yes）否（No）飞行的描述。

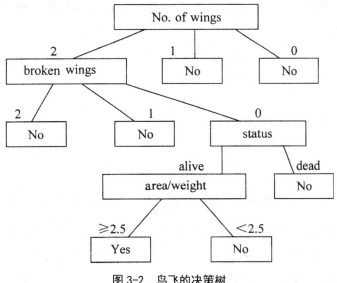

图 3-2　鸟飞的决策树

从该决策树可以看出：

Fly=（no. of wings=2）∧（broken wings=0）∧（status=alive）∧（area/weight≥2.5）

3.3.3　决策树学习算法 ID3

1986 年，昆兰（Kuinlan）发展了亨特的思想，提出了决策树学习算法 ID3。ID3 不仅能方便地表示概念属性值的信息结构，而且能够从大量实例数据中有效地生成相应的决策树模型。大多数已开发的决策树学习算法是一种核心算法的变体。该算法采用自顶向下的贪婪搜索遍历可能的决策树空间。这种方法是 ID3 算法和后继的 C4.5 算法的基础。

基本决策树学习算法 ID3 通过自顶向下构造决策树来进行学习。构造过程是从"哪一个属性将在树的根节点被测试"这个问题开始的。为了回答这个问题，使用统计测试来确定每一个实例属性单独分类训练样例的能力。分类能力最好的属性就被选为树的根节点进行测试。接着为根节点属性的每个可能值产生一个分支，并把训练样例排列到适当的分支（即样例的该属性值对应的分支）之下。然后重复整个过程，用每个分支节点关联的训练样例来选取在该点被测试的最佳属性。这就形成了对合格决策树的贪婪搜索，也就是算法从不回溯重新考虑以前的选择。基本的 ID3 算法的具体描述如下。

ID3（Examples，Target_attributes）/* Examples 为训练样例集。Target_attributes 为这棵树要预测的目标属性。Attributes 为除了目标属性外学习到的决策树测试的属性列表。返回一棵能正确分类给定 Examples 的决策树*/

①创建树的 Root（根）节点。

②若 Examples 均为正，则返回 label=+ 的单节点树 Root。

③若 Examples 都为反，则返回 label=− 的单节点树 Root。

④若 Attributes 为空，则返回单节点树 Root,label = Examples 中最普遍的 Target_attribute 值。

⑤否则开始

a. $A \leftarrow$ Attributes 中分类 Examples 能力最好的属性/*具有最高信息增益的属性是最好的属性*/。

b. Root 的决策属性 $\leftarrow A$。

c. 对于 A 的每个可能值 υ_i。

• 在 Root 下加一个新的分支对应测试 $A = \upsilon_i$。

• 令 $Examples_{\upsilon_i}$ 为 Examples 中满足 A 属性值为 υ_i 的子集。

•如果 Examples 仍为空,在这个新分支下加一个终叶子节点,节点的 label=Examples 中最普遍的 Target_attribute 值；否则在这个新分支下加一个子树 ID3(Examples,Target _ attribute,Attributes-{A})。

⑥结束。

⑦返回 Root。

ID3 是一种自顶向下增长树的贪婪算法,在每个节点选取能最好地分类样例的属性。继续这个过程直到这棵树能完美地分类训练样例,或所有的属性都已被使用过。

ID3 算法的优点是分类和测试速度快,特别适用于大数据库的分类问题。其缺点是:①决策树的知识表示没有规则易于理解;②两棵决策树是否等价问题是子图匹配问题,是 NP 完全问题;③不能处理未知属性值的情况,另外,对噪声问题也没有好的处理方法。

3.4　类比学习

类比（Analogy）是人们求解问题常用的一种基本方法。通过类比学习,人们可以把两个不同领域中的理论的相似性抽取出来,用其中一个领域求解问题的推理思想和方法,指导另一个领域的问题求解。因此,类比学习在科学技术发展的历史中起着重要的作用,很多发明和发现就是通过类比学习获得的。例如,当人们遇到一个新问题但又不具备处理这个问题的知识时,通常采用的办法是回忆一下过去处理过的类似问题,找出一个与目前情况最接近的处理方法来处理当前的问题。再如,教师在向学生讲授一个较难理解的新概念之前,总是用一些学生已经掌握且与新概念有许多相似之处的例子作为比较,使学生通过类比加深对新概念的理解。像这样通过对相似事物进行比较所进行的学习就是类比学习（Learning by Analogy）。

类比学习的基础是类比推理,近些年来由于对机器学习需求的增加,类比推理越来越受到人工智能、认知科学等的重视,希望通过对它的研究有助于探讨人类求解问题及学习新知识的机制。本节先简要地讨论类比推理，然后再具体地讨论两种类比学习方法。

3.4.1 类比推理

所谓类比推理是指，由新情况与记忆中的已知情况在某些方面相似，从而推出它们在其他相关方面也相似。显然，类比推理是在两个相似域之间进行的：一个是已经认识的域，它包括过去曾经解决过且与当前问题类似的问题以及相关知识，称为源域，记为 S；另一个是当前尚未完全认识的域，它是遇到的新问题，称为目标域，记为 T。类比推理的目的是从 S 中选出与当前问题最近似的问题及其求解方法来求解当前的问题，或者建立起目标域中已有命题间的联系，形成新知识。

设用 S_1 与 T_1 分别表示 S 与 T 中的某一情况，且 S_1 与 T_1 相似，再假设 S_2 与 S_1 相关，则由类比推理可推出 T 中的 T_2，且 T_2 与 S_2 相似。其推理过程分为如下四步。

1. 回忆与联想

在遇到新情况或新问题时，首先通过回忆与联想在 S 中找出与当前情况相似的情况，这些情况是过去已经处理过的，有现成的解决方法及相关的知识。找出的相似情况可能不止一个，可依其相似度从高至低进行排序。

2. 选择

从上一步找出的相似情况中选出与当前情况最相似的情况及其有关知识。在选择时，相似度越高越好，这有利于提高推理的可靠性。

3. 建立对应关系

这一步的任务是在 S 与 T 的相似情况之间建立相似元素的对应关系，并建立起相应的映射。

4. 转换

这一步的任务是在上一步建立的映射下，把 S 中的有关知识引到 T 中来，从而建立起求解当前问题的方法或者学习到关于 T 的新知识。

以上每一步中都有一些具体的问题需要解决，下面我们将结合两种具体的类比学习方法进行讨论。

3.4.2 属性类比学习

属性类比学习是根据两个相似事物的属性实现类比学习的。1979 年温斯顿研究开发了一个属性类比学习系统，通过对这个系统的讨论可具体地了解属性类比学习的过程。在该系统中，源域和目标域都是用框架表示的，分别称为源框架和目标框架，框架的槽用于表示事物的属性，其学习过程是把源框架中的某些槽值传递到目标框架的相应槽中去。传递分以下两步进行。

1. 从源框架中选择若干槽作为候选槽

所谓候选槽是指其槽值有可能要传递给目标框架的那些槽，选择的方法是相继使用如下启发式规则。

（1）选择那些具有极端槽值的槽作为候选槽。如果在源框架中某些槽是用极端值作为槽值的，例如"很大""很小""非常高"等，则首先选择这些槽作为候选槽。

（2）选择那些已经被确认为"重要槽"的槽作为候选槽。如果某些槽所描述的属性对事物的特性描述占有重要地位，则这些槽可被确认为重要的槽，从而被作为候选槽。

（3）选择那些与源框架相似的框架中不具有的槽作为候选槽。设 S 为源框架，S' 是任一与 S 相似的框架，如果在 S 中有某些槽，但 S' 不具有这些槽，则就选这些槽作为候选槽。

（4）选择那些相似框架中不具有这种槽值的槽作为候选槽。设 S 为源框架，S' 是任一与 S 相似的框架，如果 S 有某槽，其槽值为 a，而 S' 虽有这个槽但其槽值不是 a，则这个槽可被选为候选槽。

（5）把源框架中的所有槽都作为候选槽。当用上述启发式规则都无法确定候选槽，或者所确定的候选槽不够用时，可把源框架中的所有槽都作为候选槽，供下一步进行筛选。

2. 根据目标框架对候选槽进行筛选

筛选按以下启发式规则进行：

（1）选择那些在目标框架中还未填值的槽；

（2）选择那些在目标框架中为典型事例的槽；

（3）选择那些与目标框架有紧密关系的槽，或者与目标框架的槽类似的槽。

通过上述筛选，一般都可得到一组槽值，分别把它们填入目标框架的相应槽中，就实现了源框架中某些槽值向目标框架的传递。

3.4.3 转换类比学习

转换类比学习方法是基于"中间—结局分析法"发展起来的，是纽厄尔、西蒙等人在其完成的通用问题求解程序（General Problem Solver，GPS）中提出的一种问题求解模型。其求解问题的基本过程如下。

第 1 步，把问题的当前状态与目标状态进行比较，找出它们之间的差异。

第 2 步，根据第 1 步所得到的差异找出一个可减少差异的算符。

第 3 步，若该算符可以作用于当前状态，则该算符把当前状态改变为另一个更接近目标的状态；若该算符不能作用于当前状态，即当前状态所具备的条件与算符要求的条件不一致，则保留当前状态，并生成一个子问题，然后对此子问题用此法。

第 4 步，当子问题被求解以后，恢复保留的状态，继续处理原问题。

转换类比学习方法由外部环境获得与类比有关的信息，学习系统找出与新问题相似的旧问题的有关知识，对这些知识进行转换，使之适用于新问题，从而获得新的知识。它主要由回忆过程和转换过程两个过程组成。

回忆过程用于寻找新旧问题的差别，具体准则如下：

（1）新旧问题初始状态的差别；

（2）新旧问题目标状态的差别；

（3）新旧问题路径约束的差别；

（4）新旧问题求解问题可应用度的差别；

根据以上准则可以求出新旧问题的差别度，差别度越小，表示两者越相似。

转换过程是对旧问题的解进行适当变换，使之成为求解新问题的求解方法。转换时，其初始状态是与新问题类似的旧问题的解，即一个算符序列，目标状态是新问题的解。转换中通过"中间—结局分析法"来减少目标状态与初始状态之间的差异，使初始状态逐步过渡到目标状态，即求出新问题的解。

转换类比的过程如 3-3 所示。

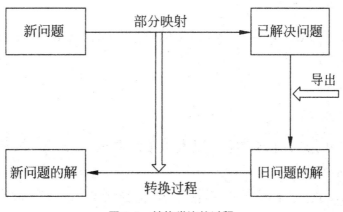

图 3-3　转换类比的过程

当遇到新问题时，将新问题映射到原先已经解决的问题中，如果部分映射，并且从已解决问题中可以引导出解决新问题的方法，则在该方法的基础上通过匹配和转换得到新问题的解决方法。

3.4.4 派生类比学习

遇到新问题，将新问题映射到原问题中，在原有问题的基础上抽象出解决方法；同时，新问题又能重新引导出另一个原先已解决的问题，即派生出另一个问题，而又能从该问题中得出新的解决方法，此时便可以类比两个已解决的问题的解决方法，找出相似之处，得出新问题的解决方法。派生类比的过程如图 3-4 所示。

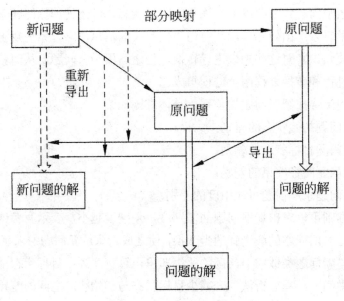

图 3-4 派生类比的过程

3.4.5 联想类比学习

联想类比学习是把已知领域（源系统）的知识联想到未知领域（目标系统）的类比方法，是一种综合的类比推理方法。

1. 联想类比条件

（1）同构相似联想。

（2）同态相似联想。

（3）接近联想。

（4）对比联想。

（5）模糊联想。

2. 联想类比分类

类比学习法按原理可分为直接类比、拟人类比、象征类比、幻想类比、因果类比、对称类比、仿生类比和综合类比 8 种。

（1）直接类比是从自然界或者人为成果中直接寻找出与创意对象相类似的东西或事物，进行类比创意。例如，鲁班发明锯子，是从带齿的草叶把人手划破和长有齿的蝗虫板牙能咬断青草获得直接类比实现的。

（2）拟人类比。使创意对象"拟人化"，这种类比就是创意者使自己与创意对象的某种要素认同一致，自我进入"角色"，体现问题，产生共鸣，以获得创意。例如，凯库勒梦见一条蛇咬住自己的尾巴，由此提出了苯分子环状结构理论。

（3）象征类比是一种借助事物形象或象征符号表示某种抽象概念或情感的类比。例如，麦克斯韦用数学公式表示出了法拉第的电磁变化理论。

（4）幻想类比是在创意思维中用超现实的理想、梦幻或完美的事物类比创意对象的创意思维法。例如，凡尔纳的小说中有霓虹灯、可移动的人行道、空调机、摩天大楼、坦克、电子操纵潜艇、导弹，在 20 世纪，这些东西都成为现实。

（5）因果类比。两个事物之间可能存在着同一种因果关系。例如，在合成树脂中加入发泡剂，可得到质轻、隔热和隔音性能良好的泡沫塑料，于是有人就用这种因果关系，在水泥中加入一种发泡剂，结果发明了既质轻又隔热、隔音的气泡混凝土。

（6）对称类比。自然界和人造物中有许多事物或东西都有对称的特点。例如，物理学家狄拉克从描述自由电子运动的方程中得出正负对称的两个能量解。知道了电荷正负的对称性，狄拉克又从对称类比中提出了存在正电子的对称解，其结果被实践证实。

（7）仿生类比。人在创意、创造活动中，常将生物的某些特性运用到创意、创造上。例如，仿鸟类展翅飞翔，造出了具有机翼的飞机。

（8）综合类比。事物属性之间的关系虽然很复杂，但可以综合它们相似的特征进行类比。例如，设计一架飞机，先做一个模型放在风洞中进行模拟飞行试验，就是综合了飞机飞行中的许多特征进行类比。

历史上，许多重大的科学发现、技术发明和文学艺术创作是运用类比创意技法的硕果。在科学领域，惠更斯提出的光的波动说就是与水的波动、声的波动类比而发现的；欧姆将其对电的研究和傅里叶关于热的研究加以类比，建立了欧姆定律；医生詹纳发现种牛痘可以预防天花，是受到挤牛奶女工感染牛痘而不患天花的启示，等等。在技术领域，控制论创始人维纳通过类比把人的行为、目的等引入机器，又把通信工程信息和自动控制工程的反馈概念引入活的有机体，从而创立了控制论；皮卡尔父子利用平流层理论先设计平流层气球飞过 15 690 m 高空，又通过类比设计出世界上下潜深度最大的深潜器，下潜深度达到 19 168 m；而仿生学的迅猛发展更说明了类比学习的重要性。

3.5　解释学习

解释学习是一种分析学习方法。这种方法是在领域知识的指导下，通过对单个问题求解例子的分析，构造出求解过程的因果解释结构，并获取控制知识，以便于以后将其用于类似问题的求解。解释学习在获取控制性知识、精化知识、软件重用、计算机辅助设计和计算机辅助教育等方面有较广泛的应用。

3.5.1　解释学习概述

1.“解释”的含义

在传统程序中，解释的作用主要是用来说明程序、给出提示，以增加程序的可读性。

但在人工智能程序中，解释已赋予了新的含义。其作用是：

（1）对产生结论的推理过程进行详细说明，以增加系统的可接受性；

（2）对错误决策进行追踪，发现知识库中知识的缺陷和错误概念；

（3）对初学的用户进行训练。

因此，实现解释的方法也比较复杂。目前，实现解释的方法已有多种，其中，解释学习主要采用的是"执行追踪"解释方法。该方法通过遍历目标树，对知识相互之间的因果关系给出解释，并通过对这种因果关系进行分析，学习控制知识。

2. 解释学习的概念

解释学习最初是由美国伊利诺伊（Illinois）大学的戴琼（Dejong）于 1983 年提出来的。1986 年米切尔（Mitchell）等人又提出了基于解释的概括化（Explanation-Based Generalization，EBG）的统一框架，把基于解释的学习定义为以下两个步骤。

第 1 步：通过分析一个求解实例来产生解释结构。

第 2 步：对该解释结构进行概括化，获取一般性控制知识。

解释学习本质上属于演绎学习，它是根据给定的领域知识进行保真的演绎推理，存储有用结论，经过知识的求精和编辑，产生适合于以后求解类似问题的控制知识。

虽然解释学习和归纳学习都需要用到具体例子，但它们的学习方式完全不同。归纳学习需要大量的实例（正例和反例），而解释学习只需要单个例子（常为正例）。它通过应用相关的领域知识及单个问题求解实例来对某一目标概念进行学习，最终生成这个目标概念的一般性描述，该一般性描述就是一个可形式化表示的一般性知识。

3. 解释学习的空间描述

解释学习涉及三个不同的空间：例子空间、概念空间和概念描述空间。三个空间及它们之间的关系如图 3-5 所示。其中，例子空间是用于问题求解的例子集合；概念空间是学习过程能够描述的所有概念的集合；概念描述空间是所有概念描述的集合。所谓概念描述是指用例子空间中例子的属性对概念空间相应概念的描述。概念描述可分为两大类：一类是可操作的；另一类是不可操作的。所谓概念描述是可操作的或不可操作的，可一般地理解为：如果一个概念描述能有效地用于识别相应概念的例子，则它是可操作的，否则是不可操作的。例如，图 3-5 中的 D_1 是不可操作的，D_2 是可操作的。解释学习的任务就是要把不可操作的概念描述转化为可操作的概念描述。

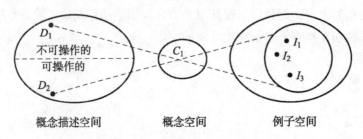

图 3-5　解释学习的三个空间及它们之间的关系

从图 3-5 中还可以看出三个空间之间存在如下关系。第一，概念空间中的每个概念都可由例子空间外延地表示为某些例子的集合，或者说概念空间中的每个点都对应着例子空间的唯一的一个子集。例如，概念空间的 C_1 对应着例子空间的子集 $\{I_1, I_2, I_3\}$。第二，概念空间中的每个概念也可由概念描述空间内涵地表示为例子空间例子的属性，并且，概念空间中的一个概念可以对应概念描述空间中的多个概念描述。例如，概念空间的 C_1 对应着概念描述空间 D_1 和 D_2。当概念空间的一个概念对应于概念描述空间的两个概念描述时，这两个概念描述称为同义词。例如，D_1 和 D_2 是同义词。

4. 解释学习的模型

根据上述的空间描述，可以建立如图 3-6 所示的解释学习的一种学习模型。其中，EXL 为学习系统；PS 为执行系统；KB 为领域知识库，它是不同概念描述之间进行转换所使用的规则集合；D_1 是输入的概念描述，一般为不可操作的；D_2 是学习结束时输出的概念描述，它是可操作的。在这种模型下，解释学习的执行过程是：先由 EXL 接收输入的概念描述 D_1（一般是不可操作的），然后再根据 KB 中的知识对 D_1 进行不同描述的转换（这是一个搜索过程），并由 PS 对每个转换结果进行测试，直到转换结果被 PS 所接收，即为可操作的概念描述 D_2 为止，最后输出 D_2。

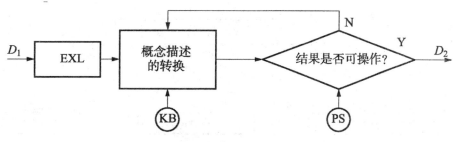

图 3-6　解释学习的一种学习模型

3.5.2 解释学习的基本过程

前面已经指出，米切尔等人把基于解释的学习定义为产生解释结构和获取一般性控制知识两个步骤。

1. 产生解释结构

这一步的任务是要证明提供给系统的训练实例为什么是目标概念的一个实例。为了证明例子满足目标概念，系统从目标开始反向推理，根据知识库中已有的事实和规则分解目标，直到求解结束。一旦得到解，便完成了该问题的证明，同时也获得了一个解释结构。

例如，假设要学习的目标是"一个物体 x 可以安全地放置在另一个物体 y 的上面"。即目标概念：

$$\text{Safe-to-Stack}(x, y)$$

训练实例（是一些描述物体 obj₁ 与 obj₂ 的事实）：

$$\text{On}(\text{obj}_1, \text{obj}_2)$$

$$\text{Is-a}(\text{obj}_1, \text{book})$$

$$\text{Is-a}(\text{obj}_2, \text{table})$$

$$\text{Volume}(\text{obj}_1, 1)$$

$$\text{Density}(\text{obj}_1, 0.1)$$

领域知识（是把一个物体安全地放置在另一个物体上面的准则）：

$$\neg \text{Fragile}(y) \rightarrow \text{Safe - to - Stack}(x, y)$$

$$\text{Lighter}(x, y) \rightarrow \text{Safe - to - Stack}(x, y)$$

$$\text{Volume}(p, \upsilon) \wedge \text{Density}(p, d) \wedge \text{Product}(\upsilon, d, \omega) \rightarrow \text{Weight}(p, \omega)$$

$$\text{Is-a}(p, \text{table}) \rightarrow \text{Weight}(p, 5)$$

$$\text{Weight}(p_1, \omega_1) \wedge \text{Weight}(p_2, \omega_2) \wedge \text{Smaller}(\omega_1, \omega_2) \rightarrow \text{Lighter}(p_1, p_2)$$

本例的证明过程如图 3-7 所示，它是一个由目标引导的逆向推理，最终得到的解释树就是该例的解释结构。

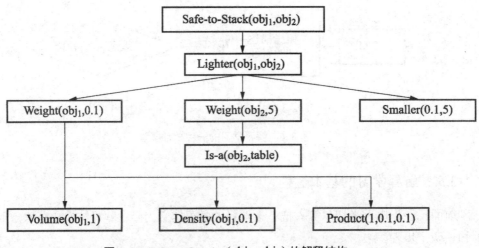

图 3-7　Safe-to-Stack（obj₁，obj₂）的解释结构

2. 获取一般性控制知识

这一步的主要任务是对上一步得到的解释结构进行概括化处理，从而得到关于目标概念的一般性知识。进行概括化处理的常用方法是把常量转换为变量，即把某些具体数据转换成变量，并略去某些不重要的信息，只保留求解所必需的那些关键信息。对图 3-7 的解释结构进行概括化处理以后所得到的概括化解释结构如图 3-8 所示。

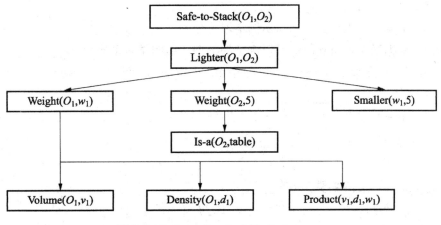

图 3-8 Safe-to-Stack（O_1, O_2）

得到概括化的解释结构以后，将该解释结构中所有的叶节点的合取作为前件，顶点的目标概念作为后件，略去解释结构的中间部件，就可得到概括化的一般性知识。例如，对图 3-8 可得到如下的一般性知识：

$$\text{Volume}(O_1, v_1) \wedge \text{Density}(O_1, d_1) \wedge \text{Product}(v_1, d_1, \omega_1) \wedge \text{Is-a}(O_2, \text{ table}) \wedge$$
$$\text{Smaller}(\omega_1, 5) \rightarrow \text{Safe-to-Stack}(O_1, O_2)$$

有了这个一般性知识，当以后求解类似问题时，可直接利用这个知识进行求解，这样可加快问题求解速度。但是，简单地把常量转换为变量以实现概括化的方法可能过分一般化。在某些特例下，可能会导致规则失败。

3.5.3 领域知识的完善性

领域知识是解释学习的前提，领域知识的完整、正确对解释学习非常重要。只有完整、正确的领域知识才有可能产生正确的解释描述。但在实际问题中不完善是难以避免的，这就有可能出现构造不出解释或构造出多种解释的情况。

构造不出解释的原因是由于系统中缺少某些相关的领域知识，或者领域知识中包含有矛盾的知识。当出现这种情况时，解释学习将会被终止。构造出多种解释的原因是由于领域知识不完整，即已有的知识不足以把不同的解释区分开来。

为了解决以上问题，最根本的办法是尽量提供完善的领域知识。另外，学习系统本身也应该具有测试和修正不完善知识的能力。

3.6 习题

1. 填空题

（1）学习是_____。

（2）机器学习是_____。

（3）根据例子来源的不同，示例学习可分为_____、_____、_____。

（4）根据学习者所获取的可用例子的类型，示例学习可分为_____、_____。

（5）示例学习的模型有两个重要空间和两个主要过程，它们分别是_____、_____、_____、_____。

（6）类比学习是_____。

（7）解释学习是_____。

2. 选择题

（1）机器学习的主要任务有_____。

    A. 回归　　　　　　　　　　B. 分类

    C. 机器翻译　　　　　　　　D. 异常检测

（2）搜索示例空间的主要策略有_____。

    A. 如果选择示例的目的是验证某个规则，则应优先选择规则集中最有希望的规则，然后再针对这些规则从示例空间中选择适当的示例对其进行验证。

    B. 如果选择示例的目的是缩小规则空间的搜索范围，则应优先选择那些对划分规则空间最有利的示例，以便尽快缩小在规则空间中的搜索范围。

    C. 如果选择示例的目的是否决规则集中的某个规则，则应注意选择那些与规则相矛盾的示例。

    D. 以上都对。

（3）对规则空间的要求主要有_____。

    A. 规则的表示可以与示例的表示不一致。

    B. 规则表示方法应适应归纳推理的要求。

    C. 规则空间应包含要求的规则。

    D. 以上都对。

3. 简答题

（1）机器学习经历了哪几个发展阶段？

（2）试着决策树构造算法 CLS 及决策树学习算法 ID3 的递归过程。

（3）何谓类比推理？推理过程包括哪几步？

（4）解释学习的学习过程是什么？它与示例学习有什么区别？

（5）试对各种学习方法进行比较分析。

第 4 章　专家系统

专家系统（Expert System，ES）它是人工智能科学重要应用分支之一，是人工智能科学发展史上第一个里程碑。专家系统产生于 20 世纪 60 年代中期，自问世以来，在世界范围内得到了迅速发展和成功应用，并取得了巨大的社会和经济效益，这标志着人工智能科学从理论研究走向了实际应用。专家系统是基于专门领域的知识信息处理系统，目前关于它的研究仍然很多。

【学习目标】
- 弄清楚专家系统概述。
- 了解专家系统的结构与工作原理。
- 了解专家系统的设计开发过程。
- 了解新型专家系统。

帮助学生建立科学思维、推理机制，培养学生解决实际问题的能力。

4.1　专家系统概述

4.1.1　专家系统的概念

关于专家系统的一般公认定义为：专家系统是一个具有智能的程序系统，其内部具有大量的专家水平的知识与经验；该系统能利用专家的知识与推理方法来解决专门领域的问题；它能对自身所得出的结论作出清楚、明晰、合理的解释。简单地说，专家系统是指能够向用户提供关于某一领域中专家水平的决策与解释的智能模拟系统。

使用过 iPhone 手机的用户一定对 Siri 这个功能不陌生。它就是苹果公司研发的智能语音助手。有了 Siri 功能的手机或平板电脑可以瞬间变身为一台智能化的机器人，利用 Siri 这项功能，使用者可以通过声控、文字输入的方式，来搜寻周边的 KTV、电影院等生活信息，同时也可以直接调用手机上的各类 App 实现闹铃的设置、未知目的地的导航等智能化的人机互动体验。在使用这项功能的同时，你或许会产生这样的困惑：Siri 如何知道我周边有哪些餐厅，如何帮我寻找到达目的地的最快捷的路线，又是如何寻找到我要搜寻的文件呢？这些问题的解决肯定离不开人工智能以及云计算等前沿技术，当然也可以说，Siri 实际上就是一个小型的"专家系统"。

在现实中，一个专门领域的专家能够解决相应领域的许多问题。这一过程需要依据其个人学识对问题进行推理和决策，并且还要依据个人实践经历中积累的经验和练就的直觉方法。尤其是其中的一些不确定知识，需要靠专家的决断对问题给出权威的解答。

通过分析可知，一个专家系统必须满足以下基本条件：

（1）专家系统处理的是现实世界中原本应由专家分析和判断的复杂问题；

（2）专家系统解决问题的模型和方案来自专家的经验和推理方法；

（3）专家系统得到的判断结论与决策应当是与专家相一致的。

从本质上讲，专家系统只是一个高级的计算机智能程序系统。

4.1.2　一个简单的专家系统

这里我们给出一个简单的专家系统。

假设你是一位动物专家，可以识别各种动物。你的朋友 FD 周末带小孩去动物园游玩并见到了一个动物，FD 不知道该动物是什么，于是给你打电话咨询，你们之间有了以下的对话。

你：你看到的动物有羽毛吗？

FD：有羽毛。

你：会飞吗？

FD：（经观察后）不会飞。

你：有长腿吗？

FD：没有。

你：会游泳吗？

FD：（看到该动物在水中）会。

你：颜色是黑白吗？

FD：是。

你：这个动物是企鹅。

在以上对话中，当得知动物有羽毛后，你就知道了该动物属于鸟类，于是你提问是否会飞；当得知不会飞后，你开始假定这可能是鸵鸟，于是提问是否有长腿；在得到否定回答后，你马上想到了可能是企鹅，于是询问是否会游泳；然后为了进一步确认是不是企鹅，又问颜色是不是黑白的；得知是黑白颜色后，马上就确认该动物是企鹅。

我们也希望一个动物识别专家系统能像你一样完成以上过程，通过与用户的交互回答用户有关动物的问题。

为了实现这样的专家系统，首先要把你有关识别动物的知识总结出来，并以计算机可以使用的方式存放在计算机中。可以用规则表示这些知识，为此，我们设计一些谓词以便表达知识。

首先是 same，表示动物具有某种属性，如可以用（same 有羽毛 yes）表示是否具有羽毛，当动物有羽毛时为真，否则为假。而 notsame 与 same 相反，当动物不具有某种属性时为真，如（notsame 会飞 yes），当动物不会飞时为真。

一个规则，具有如下的格式：

（rule<规则名>

（if<前提>

（then<结论>））

如"如果有羽毛则是鸟类"可以表示为：

（rule r_3

（if（same 有羽毛 yes））

（then（类 鸟类）））

其中，r_3 是规则名，（same 有羽毛 yes）是规则的前提，（类 鸟类）是规则的结论。

如果前提有多个条件，则将多个谓词并列即可。如"如果是鸟类且不会飞且会游泳且是黑白色则是企鹅"可以表示为：

（rule r_{12}

（if（same 类 鸟类）

（notsame 会飞 yes）

（same 会游泳 yes）

（same 黑白色 yes））

（then（动物 企鹅）））

也可以用（or<谓词><谓词>）表示"或"的关系，"如果是哺乳类且（有蹄或者反刍）则属于偶蹄子类"可以表示为：

（rule r_6

（if（same 类 哺乳类）

（or（same 有蹄 yes）（same 反刍 yes）））

（then（子类 偶蹄类）））

这样，我们可以总结出如下规则组成知识库：

（rule r_1

（if（same 有毛发 yes））

（then（类 哺乳类）））

（rule r_2

（if（same 有奶 yes））

（then（类 哺乳类）））

（rule r_3

（if（same 有羽毛 yes））

（then（类 鸟类）））

（rule r_4

（if（same 会飞 yes）

（same 下蛋 yes））

（then（类 鸟类）））

（rule r_5

（if（same 类 哺乳类）

（or（same 吃肉 yes）（same 有犬齿 yes））

（same 眼睛 前视 yes）

（same 有爪 yes））

（then（子类 食肉类）））

（rule r_6

（if（same 类 哺乳类）

（or（same 有蹄 yes）（same 反刍 yes）））

（then（子类 偶蹄类）））

（rule r_7

（if（same 子类 食肉类）

（same 黄褐色 yes）

（same 有暗斑点 yes））

（then（动物 豹）））

（rule r_8

（if（same 子类 食肉类）

（same 黄褐色 yes）

（same 有黑条纹 yes））

（then（动物 虎）））

（rule r_9

（if（same 子类 偶蹄类）

（same 有长腿 yes）

（same 有长颈 yes）

（same 黄褐色 yes）

（same 有暗斑点 yes））

（then（动物 长颈鹿）））

（rule r_{10}

（if（same 子类 偶蹄类）

（same 有白色 yes）

（same 有黑条纹 yes））

（then（动物 斑马）））

（rule r_{11}

（if（same 类 鸟类）

（notsame 会飞 yes）

（same 有长腿 yes）

（same 有长颈 yes）

（same 黑白色 yes））

（then（动物 鸵鸟）））

（rule r_{12}

（if（same 类 鸟类）

（notsame 会飞 yes）

（same 会游泳 yes）

（same 黑白色 yes））

（then（动物 企鹅）））

（rule r_{13}

（if（same 类 鸟类）

（same 善飞 yes））

（then（动物 信天翁）））

推理机是如何利用这些知识进行推理的呢？我们假设采用逆向推理进行求解。

首先，系统提出一个假设。由于一开始没有任何信息，系统只能把规则的结论部分含有（动物 x）的全部内容作为假设，并按照一定顺序进行验证。在验证的过程中。如果一个事实是已知的，比如已经在动态数据库中有记录，则直接使用该事实。动态数据库中的事实是在推理过程中由用户输入的或者是某个规则得到的结论。如果动态数据库中对该事实没有记录，则查看是不是某个规则的结论，如果是某个规则的结论，则检验该规则的前提是否成立，实际上就是将该规则的前提当作子假设进行验证，是一个递归调用的过程；如果不是某个规则的结论，则向用户询问，由用户通过人机交互接口获得。在以上过程中，一旦某个结论得到了验证——由用户输入的或者是规则的前提成立推出的，就将该结果加入动态数据库中，直至在动态数据库中得到最终的结果（动物是什么）结束，或者推导不出任何结果结束。

假定系统首先提出的假设是鸵鸟，则推理过程如图 4-1 所示。根据规则 r_{11}，需要验证其前提条件"是鸟类且不会飞且有长腿且有长颈且黑白色"。首先验证"是鸟类"，动态数据库中还没有相关信息，所以查找结论含有"（类 鸟类）"的规则 r_3，其前提是"有羽毛"。该结果在动态数据库中也没有相关信息，也没有哪个规则的结论含有该结果，所以向用户提出询问是否有羽毛，用户回答"Yes"，得到该动物有羽毛的结论。由于 r_3 的前提只有这一个条件，所以由规则 r_3 得出该动物属于鸟类，并将"是鸟类"这个结果加入动态数据库中。r_{11} 的第一个条件得到满足，接下来验证第二个条件"不会飞"。同样，动态数据库中没有记载，也没有哪个规则可以得到该结论，还是询问用户，得到回答"Yes"后，将"不会飞"加入动态数据库。再验证"有长腿"，这时由于用户回答的是"No"，表示该动物没有长腿，"没有长腿"也被放入动态数据库。由于"有长腿"得到了否定回答，所以规则 r_{11} 的前提不被满足，假设"鸵鸟"不能成立。系统再次提出新的假设动物是"企鹅"，得到如图 4-2 所示的推理过程。根据规则 r_{12}，要验证规则的前提条件"是鸟类且不会飞且会游泳且黑白色"，由于动态数据库中已经记录了当前动物"是鸟类""不会飞"，所以规则 r_{12} 的前两个条件均被满足。直接验证第三个条件"会游泳"和第四个条件"黑白色"，这两个条件都需要用户回答，在得到肯定的答案后，系统得出结论——这个动物是企鹅。

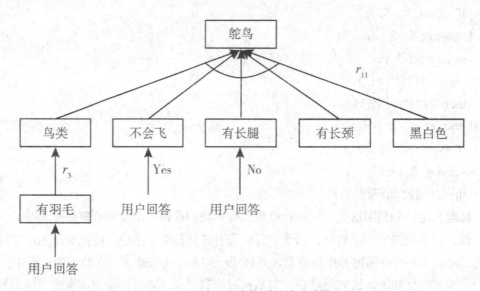

图 4-1　假定"鸵鸟"时的推理过程

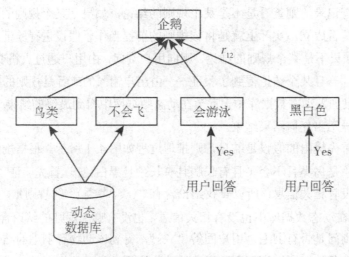

图 4-2　假定"企鹅"时的推理过程

如果把推理过程记录下来，则专家系统的解释器就可以根据推理过程对结果进行解释。比如用户可能会问"为什么不是鸵鸟"？解释器可以回答："根据规则 r_{11}，鸵鸟具有长腿，而你回答该动物没有长腿，所以不是鸵鸟。"如果问"为什么是企鹅"？解释器可以回答："根据你的回答，该动物有羽毛，根据规则 r_3 可以得出该动物属于鸟类；根据你的回答该动物不会飞、会游泳、黑白色，则根据规则 r_{12} 可以得出该动物是企鹅。"

以上我们给出了一个简单的专家系统示例以及它是如何工作的。实际的系统中，为了提高效率，可能要比这复杂得多，如何提高匹配速度以提高系统的工作效率？如何提出假设以便系统尽快地得出答案？这都是需要解决的问题。更重要的一点是，现实的问题和知识往往是不确定的，如何解决不确定推理问题大家可以查阅相关资料了解学习。

4.1.3　专家系统的类型

按照不同的分类标准，专家系统有不同的分类结果。这里根据专家系统的特性及功能不同，对专家系统进行介绍。

1. 解释型专家系统

解释型专家系统（Expert System for Interpretation）是从所得到有关数据中，经过分析、推理，从而给出相应解释的一类专家系统。例如，解释图像分析、解释地质结构和化学结构等的专家系统。代表性的解释型专家系统有 DENDRAL，PROSPECTOR 等。

解释型专家系统具有以下特点：

（1）系统处理的数据量很大，而且往往是不准确的、有错误的或不完全的；

（2）系统能够从不完全的信息中得出解释，并能对数据作出某些假设；

（3）系统的推理过程可能很复杂、很长，因而要求系统具有对自身的推理过程作出解释的能力。

2. 诊断型专家系统

诊断型专家系统（Expert System for Diagnosis）能根据输入信息推出相应对象存在的故障，找出产生故障的原因并给出排除故障的方案。例如，医疗诊断、机械故障诊断、计算机故障诊断等专家系统。这是目前应用最多的一类专家系统。代表性的诊断型专家系统有 MYCIN、CASNET、PUFF（肺功能诊断系统）、PIP（肾脏病诊断系统）、DART（计算机硬件故障诊断系统）等。

诊断型专家系统具有以下特点：

（1）系统能够了解被诊断对象或客体各组成部分的特性以及它们之间的联系；

（2）系统能够区分一种现象及其所掩盖的另一种现象；

（3）系统能够向用户提出测量的数据，并从不确切信息中得出尽可能正确的诊断。

3. 预测型专家系统

预测型专家系统（Expert System for Prediction）的任务是通过对过去和现在已知状

况的分析，推断未来可能发生的情况。例如，应用于气象预报、地震灾害预测、人口预测、工农业产量估计及水文、经济、军事形势预测等领域的专家系统。台风路径预报 TYT 专家系统就是一个比较有代表性的预测型专家系统。

预测型专家系统具有以下特点：

（1）系统处理的数据随时间变化，而且可能是不准确和不完全的；

（2）系统需要有适应时间变化的动态模型，能够从不完全和不准确的信息中，得出预报，并达到要求的时效性。

4. 设计型专家系统

设计型专家系统（Expert System for Design）是一种根据任务要求，计算出满足设计问题约束的目标配置的系统。例如，用于工程设计、电路设计、建筑及装修设计、服装设计、机械设计、图案设计等的专家系统。这类系统一般要求在给定的限制条件下能给出最佳或较佳的设计方案。代表性的设计型专家系统有 XCON（计算机系统配置系统）、KBVLSI（VLSI 电路设计专家系统）等。

设计型专家系统应具有以下特点：

（1）系统善于从多方面的约束中得到符合要求的设计结果；

（2）系统需要检索较大的可能解空间；

（3）系统善于分析各种问题，并处理好子问题间的相互关系；

（4）系统能够试验性地构造出可能的设计方案，并易于对所得设计方案进行修改；

（5）系统能够使用已被证明是正确的设计来解释当前的新设计。

5. 规划型专家系统

规划型专家系统（Expert System for Planning）是能按照给定目标制定行动规划的一类专家系统。例如，机器人动作规划、制定生产规划等。这类系统一般要求在一定的约束条件下能以较小的代价达到给定的目标。代表性的规划型专家系统有 NOAH（机器人规划系统）、SECS（制定有机合成规划的专家系统）、TATR（帮助空军制定攻击敌方机场计划的专家系统）等。

规划型专家系统具有以下特点：

（1）所要规划的目标可能是动态的或静态的，因而需要对未来动作作出预测；

（2）所涉及的问题可能很复杂，要求系统能够抓住重点，处理好各子目标之间的关系和不确定的数据信息，并通过实验性动作得出可行规划。

6. 控制型专家系统

控制型专家系统（Expert System for Control）是用以自适应地管理受控对象，使之满足预期要求的系统。控制型专家系统具有解释、预报、诊断、规划和执行等功能。为了实现对控制对象的实时控制，控制型专家系统必须能够直接接收来自控制对象的信息，并迅速地进行处理，及时地作出判断和采取相应的行动。它是专家系统技术与实时控制技术相结合的产物。代表性的控制型专家系统是 YES/MVS（帮助监控和控制 MVS 操作系统的专家系统）。

控制型专家系统具有以下特点：

（1）能够解释当前情况，预测未来可能发生的情况；

（2）诊断可能发生的问题及其原因，不断修正计划，控制系统的运行。

7. 监督型专家系统

监督型专家系统（Expert System for Monitoring）能够完全实时的监控任务，并与其正常情况进行比较，当发现异常时发出警报或进行干预的系统。例如，用于森林火警监视、机场监视等的专家系统。代表性的监督型专家系统是 REACTOR（帮助操作人员检测和处理核反应堆事故的专家系统）。

监督专家系统具有以下特点：

（1）系统应具有快速反应能力，在造成事故之前及时发出警报；

（2）系统发出的警报要有很高的准确性，在需要发出警报时发警报，在不需要发出警报时不得轻易发警报（假警报）；

（3）系统能够随时间和条件的变化而动态地处理其输入信息。

8. 调试型专家系统

调试型专家系统（Expert System for Debugging）能对失灵的对象给出处理意见和处理方法，该类系统的特点是同时具有规划、设计、预报和诊断等专家系统的功能。调试专家系统可以用于新产品或新系统的调试，也可用于维修站对被修设备的调整、测量与实验。

调试专家系统具有以下特点：

（1）能够根据故障的特点制定纠错方案，并实施该方案排除故障；

（2）当制定的方案失效或部分失效时，能够采取相应的补救措施；

（3）同时具有规划、设计、预报和诊断等专家系统的功能。

9. 教学型专家系统

教学型专家系统（Expert System for Instruction）主要适用于辅助教学，并能根据学生学习过程中所产生的问题进行分析、评价、找出错误原因，有针对性地确定教学内容或采取其他有效的教学手段。代表性的教学型专家系统有 GUIDON（讲授有关细菌传染性疾病方面的医学知识的计算机辅助教学系统）。

教学型专家系统具有以下特点：

（1）同时具有诊断和调试等功能；

（2）具有良好的人机界面。

10. 维护型专家系统

维护型专家系统（Expert System for Repair）能用于对系统进行调试，并根据相应的标准对发生故障的对象（系统或设备）进行处理，排除错误，使其恢复正常工作。维护型专家系统应具有诊断、调试、计划和执行等功能。

4.1.4　专家系统的应用

专家系统是最早走向实用的人工智能技术。世界上第一个实现商用并带来经济效益的专家系统是 DEC 公司的 XCON 系统，该系统拥有 1 000 多条人工整理的规则，帮助新计算机系统配置订单，1982 年开始正式在 DEC 公司使用，据估计它为公司每年节省了 4 000 万美元。在 1991 年的海湾战争中，美国军队使用专家系统用于自动的后勤规划和运输日程安排，这项工作同时涉及 5 万辆车、货物和人，而且必须考虑起点、目的地、路径以及解决所有参数之间的冲突。AI 规划技术使得一个计划可以在几小时内产生，而用旧的方法则需要花费几个星期。

清华大学于 1996 年开发的一个市场调查报告自动生成专家系统也在某企业得到应用，该系统可以根据市场数据自动生成一份市场调查报告。该专家系统知识库由两部分组成，一部分知识是有关市场数据分析的，来自企业的专业人员，根据这些知识对市场上相关产品的市场形势进行分析，包括市场行情、竞争态势、动态、预测发展趋势等；另一部分知识是有关报告自动生成的，根据分析出的不同市场形势撰写出不同内容的图、文、表并茂的市场报告，并通过多种不同的语言表达生成丰富多彩的市场报告。

相比专家系统在其他领域的应用，医学领域是较早应用专家系统的领域，像著名的 MYCIN 就是一个帮助医生对血液感染患者进行诊断和治疗的专家系统。我国也开发过一些中医诊断专家系统，如在总结著名中医专家关幼波先生的学术思想和临床经验基础上研制的"关幼波胃脘病专家系统"等。在农业方面，专家系统也有很好的应用，在国家"863"计划的支持下，我国有针对性地开发出一系列适合我国不同地区生产条件的实用经济型农业专家系统，为农技工作者和农民提供方便、全面、实用的农业生产技术咨询和决策服务，包括蔬菜生产、果树管理、作物栽培、花卉栽培、畜禽饲养、水产养殖、牧草种植等多种不同类型的专家系统。

4.2　专家系统的结构与工作原理

4.2.1　专家系统的基本结构

专家系统的结构是指专家系统各组成部分的构造方法和组织形式。随着专家系统技术的不断发展，专家系统的类型也在不断增加，实际专家系统的功能和结构可能存在着一些差异，但其基础却没有发生大的变化。一般完整的专家系统由六大部分所组成，即知识库、数据库、推理机、知识获取、解释模块和人机接口，如图 4-3 所示。

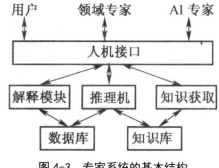

图 4-3　专家系统的基本结构

1. 知识库

知识库作为整个专家系统的核心，类似于人的大脑，是以某种特定的形式存储于计算机中的知识的集合。它用来存放专家们提供的知识。这些知识可以包括事实、可行操作与规则等。专家系统的问题求解过程是通过知识库中的知识来模拟专家的思维方式的，因此，可以说知识库是衡量专家系统质量是否优越的关键。或者说，知识库中知识的质量和数量决定着专家系统的质量水平。用户也可以通过改变或完善知识库中的知识内容来进一步提高专家系统的性能。知识库中的知识分为两种类型。

（1）事实性知识，指相关领域中所谓公开性知识，包括领域中的定义、事实和理论等，这是一种广泛公用的知识，它们通常收录在相关学术著作和教科书中。

（2）启发性知识，指领域专家的所谓个人性知识，是领域专家在长期工作实践中积累起来的经验总结。通常，领域专家所拥有的经验性、判定性知识，实际上是一种直觉性和诀窍性的知识。启发性知识在关键时刻，有助于专家们于错综复杂的情况下临机决断，作出正确决策。专家系统开发中的一个十分重要的任务就是要认真细致地对这类知识进行分析。但是，由于很多专家很少意识到自己是如何使用这些知识解决问题的，甚至没有意识到自己在解决问题时究竟使用了多少这样的知识，所以让他们把这些直觉、诀窍、经验讲出来是非常困难的，这就导致了在知识库建立过程中很难获得这种知识。但是，这些知识又恰恰是知识库的核心部分。

2. 数据库

数据库也称为事实库、全局数据库或综合数据库。它用于存储有关领域问题的事实、数据、初始状态、推理过程及各种中间状态及求解目标等。事实上，它的功能有点类似于计算机中的存储器，数据库中的内容不是一成不变的，在求解问题的起初，它存放着用户提供的初始事实，而在推理过程中，它又存放着每一步推理机推理得出的结果和各类有关信息，这也便于解释器回答用户提供的相关咨询。

它具有以下特性：

（1）可以被所有的规则访问；

（2）没有局部的数据库是特别属于某些规则的；

（3）规则之间通过数据库发生联系。

可以根据系统的目的不同来确定数据库的规模和结构。数据库的内容还可以随着问题的不同发生动态变化。总之，数据库存放的是该系统当前要处理对象的一些事实。例如，在医疗专家系统中，数据库存放的仅是当前患者的姓名、年龄、症状等基本情况，以及推理过程中得到的一些中间结果、病情等；在气象专家系统中，数据库存放的是云量、温度、气压等当前气象要素，以及推理得到的中间结果等。

通过上述分析可得，专家系统中的数据库只是一个存储量很小的用于暂存中间信息的工作存储器（也称为内涵数据库），而不是通常概念上的用于存放大量信息的数据库（也称为外延数据库）。如果只是从研制专家系统的角度来看，是没有必要在其内部建立一个规模庞大、功能齐全的数据库的；但是，若想使专家系统达到实用并为广大信息管理系统工作者所接受，就必须解决专家系统对现存（外延）大型数据库的访问问题。

3. 推理机

简单来说，推理机就是完成推理过程的程序。推理机通常是由一组用来控制、协调整个专家系统方法和策略的程序组成的，它能针对当前问题的条件或已知信息（事实），利用知识库中的知识反复匹配知识库中的规则，而后按一定的推理方法和策略进行推理（例如正向推理、逆向推理、混合推理等），求得问题的答案或证明某个假设的正确性。

推理机包括推理方法和控制策略两部分。推理机所采用的推理方法可以是正向推理、逆向推理或正逆向结合的双向推理。并且，这三种推理方式中都包含精确推理和非精确推理。控制策略主要指推理方法的控制及推理规则的选择策略。它还与搜索策略有关。

因为专家系统是模拟人类专家进行工作的，因此设计推理机时，应使它的推理过程和专家的推理过程尽可能相似或保持一致。

4. 知识获取模块

知识获取应该是专家系统的一项重要功能，是建造和设计专家系统的关键。但由于目前专家系统的学习能力较差，多数专家系统的知识获取模块的主要任务是为修改知识库中的原有知识和扩充新知识提供相应的手段。其基本任务是为专家系统获取知识，并负责维持知识的一致性和完整性，建立起健全、完善、有效的知识库，从而满足求解领域问题的重要。

不同学习能力专家系统的知识获取模块的功能和实现方法差别较大，且知识获取通常由知识工程师与专家系统中的知识机构共同完成。对没有学习能力的专家系统，先由知识工程师向领域专家获取知识，再以适用的方法把知识表达出来，而知识获取机构负责把知识转换为计算机可存储的内部形式，然后将其送到知识库中；有的系统自身就具有部分学习功能，由系统直接与领域专家对话获取知识；有的系统具有较强的学习功能，可在系统运行过程中通过归纳、总结出新的知识。无论采取哪种方式，知识获取都是目前专家系统研制中的关键一环。

5. 解释模块

一个完整的专家系统必然离不开解释模块。解释模块的主要作用是：解释专家系统的行为和结论，即对整个推理的过程、推理的方法和策略、推理用到的知识和知识库进行解释和说明，使用户在与专家系统进行交互操作时，不仅知道要做什么，而且还知道怎么做和为什么这么做。

专家系统的工作流程，就如同患者去医院就诊，在导医的初步判断下（经验）去某个特定科室的医生那里就诊，医生根据以往的经验并结合病理特征（知识库）来判断患者得了什么病以及根据得病的情况拟定针对患者的下一步治疗方案（推理机），而当患者想得知为何患了这个病（病由）时，医生便会将自己的判断过程告知患者，这就如同（解释模块）。

6. 人机接口

人机接口是专家系统的另一个关键组成部分，是专家系统与外界的接口，主要用于系统和外界之间的通信与信息交换。

人机交互界面是专家系统与领域专家知识工程师及一般用户间的界面，由一组程序及相应的硬件组成，用于实现系统与用户之间的信息交换。领域专家通过它输入知识，更新和完善知识，而一般的用户可以通过它输入想要求解的问题或求解过程进行提问。系统通过界面输出运行结果、回答用户的询问或者向用户索取进一步的事实。

4.2.2　专家系统的工作原理

一般地，专家系统可以分为 3 个并发运行的子过程，系统的控制器由位于下层的数值算法库和位于上层的知识系统两大部分组成。数值算法库包含 3 种算法程序，分别是控制算法程序、辨识算法程序和监控算法程序，这些程序拥有最高的优先权，可以直接作用于受控过程。通常系统首先要获取知识系统的配置命令，同时还要获取测量信号，在二者准备完毕之后，系统将按照控制算法程序计算控制信号。对于绝大多数的专家控制系统而言，每次允许运行的控制算法程序一般只有一种。另外，从某种意义上看，辨识算法和监控算法充当滤波器或特征抽取器的功能，主要作用是从数值信号流中抽取特征信息。由此可见，专家控制系统通常都是按照传统控制方式运行的，只有在运行状况变化的时候，才会向知识系统发送指令，从而进入智能控制过程。

知识系统位于系统上层，对数值算法进行决策、协调和组织，包含有定性的启发式知识，进行符号推理，按专家系统的设计规范编码，通过数值算法库与受控过程间接相连，连接的信箱中有读或写信息的队列。

一般地，人机接口子过程传播两类命令：一类是面向数值算法库的命令，如改变参数或改变操作方式；另一类是指挥知识系统去做什么的命令，如跟踪、添加、清除或在线编辑规则等。

根据工作机理，专家系统可以分为基于规则的专家系统（图4-4）、基于框架的专家系统（图4-5）和基于模型的专家系统（图4-6）。图4-5中，每个圆看作面向目标系统中的一个子目标，而在基于框架系统中看作某个框架。用基于框架系统的术语来说，存在孩子对父母的特征，以表示框架间的自然关系。例如，约翰是父辈"男人"的孩子，而"男人"又是"人类"的孩子。

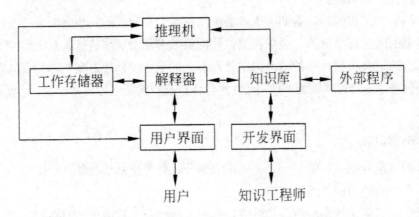

图 4-4   基于规则专家系统的结构

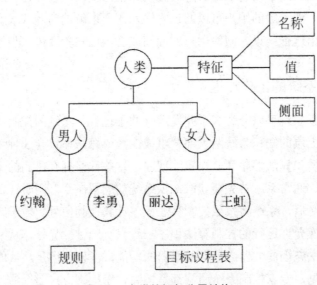

图 4-5   人类的框架分层结构

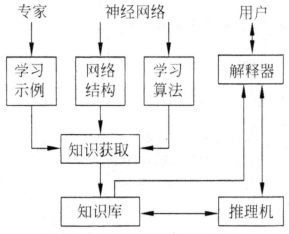

图 4-6　神经网络专家系统的基本结构

在图 4-5 中，最顶部的框架表示"人类"这个抽象的概念，通常称为类（Class）。附于这个类框架的是"特征"，有时称为槽（Slots），是某个这类物体一般属性的表列。附于该类的所有下层框架将继承所有特征，每个特征有它的名称和值，还可能有一组侧面，以提供更进一步的特征信息。一个侧面可用于规定对特征的约束，或者用于执行获取特征值的过程，或者说明在特征值改变时应该做些什么。

图 4-5 的中层，是两个表示"男人"和"女人"这种不太抽象概念的框架，它们自然地附属于其前辈框架"人类"。这两个框架也是类框架，但附属于其上层类框架，所以称为子类（Subclass）。底层的框架附属于其适当的中层框架，表示具体的物体，通常称为例子（Instances），它们是其前辈框架的具体事物或例子。

这些术语，类、子类和例子（物体）用于表示对基于框架系统的组织。从图 4-5 还可以看到，某些基于框架的专家系统还采用一个目标议程表（Goal Agenda）和一套规则。该议程表仅仅提供要执行的任务表列。规则集合则包括强有力的模式匹配规则，它能够通过搜索所有框架，寻找支持信息，从整个框架世界进行推理。

更详细地说，"人类"这个类的名称为"人类"，其子类为"男人"和"女人"，其特征有年龄、居住地、期望寿命、职业和受教育情况等。子类和例子也有相似的特征。这些特征，都可以用框架表示。

4.3　专家系统的设计开发

专家系统的研究目前仍然是人工智能领域中具有吸引力的研究领域。经过多年的努力，人们在专家系统的设计与开发方面已经积累了一定的经验。由于它是一种基于知识的、面向领域的、具有专家级问题求解能力的复杂软件系统，因此不同软件开发系统的开发过程具有不同的侧重点。

4.3.1 专家系统的设计原则与开发步骤

1. 专家系统的设计原则

专家系统的设计应考虑专家系统的特点，需要注意以下原则。

1）专门任务

专家系统适用于专家知识和经验行之有效的场合，所以，专家系统的设计应恰当地划定求解问题的领域。问题领域过窄，则系统求解问题的能力较弱；过宽，则涉及的知识太多。知识库过于庞大会产生不良影响，例如，不能保证知识的质量，影响系统的运行效率，难以维护和管理。

2）专家合作

知识是专家系统的基础，建立高效、实用的专家系统的一个重要前提就是使其具有完备的知识。专家和知识工程师的反复磋商和团结协作在其中发挥着重要作用。领域专家与知识工程师合作是知识获取成功的关键，也是专家系统开发成功的关键。

3）原型设计

采用"扩充式"开发策略，即应用"最小系统"的观点进行系统原型设计，然后再逐步修改、扩充和完善。专家系统是一个比较复杂的程序系统，需要设计并建立知识库、综合数据库，编写知识获取、推理机、解释等模块的程序，工作量较大，因此开发并不能一步到位。基于这个原因，知识工程师一旦获得足够的知识去建立一个非常简单的系统，可以先建立一个所谓的"最小系统"，然后从运行该模型中得到反馈来指导修改、扩充和完善系统。

4）用户参与

专家系统建成后是给用户使用的，在设计和建立专家系统时，让用户尽可能地参与有助于充分了解未来用户的实际情况和知识水平，对于建立适于用户操作的友好的人机界面是非常有利的。

5）辅助工具

在适当的条件下，可考虑采用专家系统开发工具进行辅助设计，借鉴已有系统的经验，对于设计效率的提高大有帮助。

6）知识库与推理机分离

知识库与推理机分离是专家系统区别于传统程序的重要特征，其优点是便于对知识库进行维护、管理，而且可把推理机设计得更灵活。

2. 专家系统的开发步骤

专家系统是一个计算机软件系统，但与传统程序又有区别，因为知识工程与软件工程在许多方面有较大的差别。一方面，专家系统的开发过程与软件工程并不是完全相同的。例如，软件工程的设计目标是建立一个用于事物处理的信息处理系统，处理的对象是数据，主要功能是查询、统计、排序等，其运行机制是确定的；而知识工程的设计目标是建立一个辅助人类专家的知识处理系统，处理的对象是知识和数据，主要的功能是推理、评估、规划、解释、决策等，其运行机制难以确定。另一方面，知识工程与软件工程的系统实现过程不同，知识工程比软件工程更强调渐进性、扩充性。因此，在设计专家系统时软件工程的设计思想及过程虽可以借鉴，但不能完全照搬。

　　一般，将专家系统的开发步骤分为问题识别、概念化、形式化、实现和测试等阶段，如图 4-7 所示。

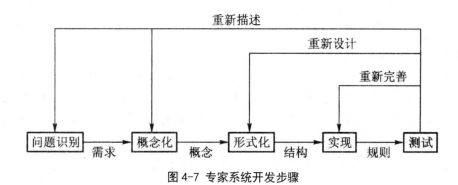

图 4-7　专家系统开发步骤

　　1）问题识别阶段

在问题识别阶段，由知识工程师和专家确定问题的主要特点。

　　（1）确定人员和任务，选定包括领域专家和知识工程师在内的参加人员，并明确各自的任务。

　　（2）问题识别，描述问题的特征及相应的知识结构，明确问题的类型和范围。

　　（3）确定资源，确定知识源、时间、计算设备以及经费等资源。

　　（4）确定目标，确定问题求解的目标。

　　2）概念化阶段

概念化阶段的主要任务是揭示描述问题所需要的关键概念、关系和控制机制，子任务、策略和有关问题求解的约束。这个阶段需要考虑以下问题。

　　（1）什么类型的数据有用，数据之间的关系如何？

　　（2）问题求解时包括哪些过程，这些过程有哪些约束？

　　（3）如何将问题划分为子问题？

　　（4）信息流是什么？哪些信息是由用户提供的，哪些信息是需要导出的？

　　（5）问题求解的策略是什么？

　　3）形式化阶段

形式化阶段是把概念化阶段概括出来的关键概念、子问题和信息流特征形式化地表示出来。究竟采用什么形式，要根据问题的性质选择适当的专家系统构造工具或适当的系统框架。知识工程师在这个阶段发挥着重要作用。

　　在形式化过程中，假设空间、基本的过程模型和数据的特征是三个主要的因素。下面分别进行介绍。

（1）为了理解假设空间的结构，必须对概念形式化并确定它们之间的关系，还要确定概念的基元和结构。为此需要考虑以下问题。

①把概念描述成结构化的对象，还是处理成基本的实体？

②概念之间的因果关系或时空关系是否重要，是否应当显式地表示出来？

③假设空间是否有限？

④假设空间是由预先确定的类型组成的，还是由某种过程生成的？

⑤是否应考虑假设的层次性？

⑥是否有与最终假设相关的不确定性或其他的判定性因素？

⑦是否考虑不同的抽象级别？

找到可以用于产生解答的基本过程模型是形式化知识的重要一步。过程模型包括行为的和数学的模型。如果专家使用一个简单的行为模型，对它进行分析就能产生很多重要的概念和关系。数学模型可以提供附加的问题求解信息，或用于检查知识库中因果关系的一致性。

（2）在形式化知识中，了解问题领域中数据的性质也是很重要的。为此应当考虑下述问题。

①数据是不足的、充足的还是冗余的？

②数据是否有不确定性？

③对数据的解释是否依赖于出现的次序？

④获取数据的代价是多少？

⑤数据是如何得到的？

⑥数据的可靠性和精确性如何？

⑦数据是一致的和完整的吗？

4）实现阶段

形式化阶段已经确定了知识表示形式和问题的求解策略，也选定了构造工具或系统框架。实现阶段的主要任务是把前一阶段的形式化知识变成计算机软件，即要实现知识库、推理机、人机接口和解释系统。

在建立专家系统的过程中，原型系统的开发是极其重要的步骤之一。对于选定的表达方式，任何有用的知识工程辅助手段（如编辑、智能编辑或获取程序）都可以用来完成原型系统知识库。另外推理机应能模拟领域专家求解问题的思维过程和控制策略。

5）测试阶段

测试阶段的主要任务是通过运行实例评价原型系统以及用于实现它的表达形式，从而发现知识库和推理机的缺陷。

（1）通常导致性能不佳的因素有如下三种。

①输入输出特性，即数据获取与结论表示方法存在缺陷。例如，问题难以理解、含义模糊，使得存在错误或不充分的数据进入系统；结论过多或者过少，缺少适当的组织和排序。

②推理规则有错误、不一致或不完备。

③控制策略有问题，不是按专家采用的"自然顺序"解决问题。

（2）测试的内容。专家系统必须先在实验室环境下进行精化和测试，然后才能够进行实地领域测试。在测试过程中，实例的选择应照顾到各个方面，既要涉及典型的情况，也要涉及边缘的情况。测试的主要内容有以下几个方面。

①可靠性。通过实例的求解，检查系统得到的结论是否与已知结论一致。

②知识的一致性。当向知识库输入一些不一致、冗余等有缺陷的知识时，检查它是否可把它们检测出来；当要求系统求解一个不应当给出答案的问题时，检查它是否会给出答案等；如果系统具有某些自动获取知识的功能，则检测获取知识的正确性。

③运行效率。检测系统在知识查询及推理方面的运行效率，找出薄弱环节及求解方法与策略方面的问题。

④解释能力。对解释能力的检测主要从两个方面进行：一是检测它能回答哪些问题，是否达到了要求；二是检测回答问题的质量，即是否有说服力。

⑤人机交互的便利性。为了设计出友好的人机接口，在系统设计之前和设计过程中也要让用户参与。这样才能准确地表达用户的要求。

对人机接口的测试主要由最终用户来进行。根据测试的结果，原型系统应进行修改。测试和修改应反复进行，直到系统令人满意为止。

4.3.2　专家系统的开发工具

专家系统的一个特点是知识库与系统其他部分的分离，知识库与求解的问题领域密切相关，而推理机等则与具体领域独立，具有通用性。为此，人们开发了一些专家系统工具用于快速建造专家系统。

1. 骨架型工具

借助之前开发好的专家系统，将描述领域知识的规则等从原系统中"挖掉"。只保留其知识表示方法和与领域无关的推理机等部分，就得到了一个专家系统工具，这样的工具称为骨架型工具，因为它保留了原有系统的主要框架。

骨架型专家系统工具具有使用简单、方便的特点，可以有效提高专家系统的构建效率，使用者只需将具体的领域知识按照工具规定的格式表达出来。但是其灵活性不够，除了知识库以外，使用者不能改变其他任何东西。

在专家系统的建造中发挥了重要作用的骨架工具主要有 EMYCIN，KAS 和 EXPERT 等。

1）EMYCIN

EMYCIN 是一个典型的骨架型工具，它是由 EMYCIN 系统抽去原有的医学领域知识，保留骨架而形成的系统。它采用产生式规则表达知识、目标驱动的反向推理控制策略，适应的对象是那些需要提供基本情况数据，并能提供解释和分析的咨询系统，尤其适用于诊断这一类演绎问题。EMYCIN 系统功能包括以下几点。

（1）解释程序。系统可以向用户解释推理过程。

（2）知识编辑程序及类英语的简化会话语言。EMYCIN 系统提供了一个开发知识库的环境，使得开发者可以使用更接近自然语言的规则语言来表示知识。

（3）知识库管理和维护手段。EMYCIN 系统提供的开发知识库的环境，还可以在进行知识编辑及输入时进行语法、一致性、是否矛盾和包含等检查。

（4）跟踪和调试功能。EMYCIN 系统还提供了有价值的跟踪和调试功能，试验过程中的状况都被记录并保留下来。

EMYCIN 系统的工作过程具体可分为以下两步。

第 1 步：专家系统建立过程。在该过程中，知识工程师输入专家知识，知识获取和知识库构造模块把知识形式化，并对知识进行语法和语义检查，建立知识库；然后知识工程师调试并修改知识库；知识库调试正确后，一个用 EMYCIN 系统构造的专家系统即可交付使用。

第 2 步：咨询过程。在该过程中，咨询用户提出目标假设，推理机制根据知识库中的知识进行推理，最后提出建议，作出决策，并通过解释模块向用户解释推理过程。

EMYCIN 系统已用于建造医学、地质、工程、农业和其他领域的诊断型专家系统。图 4-8 列出了借助 EMYCIN 系统开发的一些专家系统。

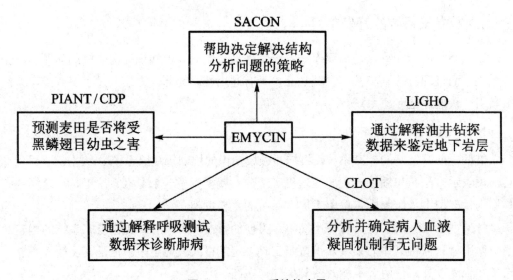

图 4-8　EMYCIN 系统的应用

2）KAS 系统

KAS 系统是由 PROSPECTOR 系统抽去原有的地质勘探知识而形成的。当把某个领域知识用 KAS 所要求的形式表示出来并输入到知识库时，它就成为一个可用 PROSPECTOR 的推理机构来求解问题的专家系统。

KAS 系统采用产生式规则和语义网络相结合的知识表达方法及启发式正反向混合

推理控制策略。KAS 系统在推理过程中的推理方向是不断改变的，其推理过程大致如下。

（1）在 KAS 系统提示下，用户以类似自然语言的形式输入信息，KAS 系统对其进行语法检查并将正确的信息转换为语义网络，然后与表示成语义网络形式的规则的前提条件相匹配，从而形成一组候选目标，并根据用户输入的信息使各候选目标得到不同的评分。

（2）KAS 系统从这些候选目标中选出一个评分最高的候选目标进行反向推理，只要一条规则的前提条件不能被直接证实或被否定，则反向推理就一直进行下去。

（3）当有证据表明某个规则的前提条件不可能有超过一定阈值的评分时，就放弃沿这条路线进行的推理，而选择其他的路线。

KAS 系统提供了如知识编辑系统、推理解释系统、用户回答系统、英语分析器等一些辅助工具，用来开发和测试规则和语义网络。

KAS 系统具有一个功能很强的网络编辑程序和网络匹配程序。网络编辑程序可以用来把用户输入的信息转化为相应的语义网络，并可用来检测语法错误和一致性等。网络匹配程序用于分析任意两个语义网络之间的关系，看其是否具有等价、包含、相交等关系，从而决定这两个语义网络是否匹配，同时它还可以用来检测知识库中的知识是否存在矛盾、冗余等。

KAS 系统对于开发解释型专家系统非常适用，如图 4-9 所示列出了它的一些典型应用。

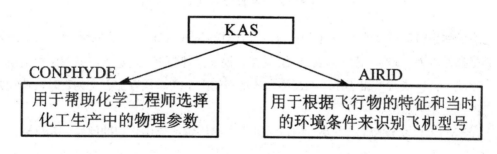

图 4-9　KAS 系统的应用

3）EXPERT 系统

EXPERT 系统是由美国 Rutgers 大学的威斯（Weiss）和库里科斯基（Kulikowski）等人在已成功开发的专家系统及工具如 CASNET 系统（青光眼诊断系统）等的基础上于 1981 年设计完成的一个骨架系统，适用开发诊断和分类型专家系统。

EXPERT 系统的知识由假设、事实和决策规则三部分组成。与 EMYCIN 系统和 PROSPECTOR 系统不一样，在 EXPERT 系统中事实与假设是严格区分的。事实是有待观察、测量和确定的证据，如人的身高、血压等。事实是以真、假、数值或不知道的形式来回答系统提出的问题的。假设可以是由系统推出的结论，通常每个假设都有一个不确定性的度量值。规则用来描述事实和假设之间的逻辑关系，EXPERT 系统有三种形式的规则：FF 规则、FH 规则、HH 规则。

所谓 FF 规则，就是从事实到事实的规则，即从已知的事实推出另一些事实，从而可省去一些不必要的提问。被 FF 规则推出来的事实只能取真、假或不知道。例如，

$$F(M,T) \rightarrow F(PREGP,F)；如果 M 为真，则 PREGP 为假$$

表示如果病人为男性，就不必做妊娠检查。

所谓 FH 规则，就是从事实到假设的规则，用来由事实的逻辑组合推出假设并确立其可信度。例如，

$$F(A,T) \& F(B,F) \& \big[1：F(C,T),F(D,F)\big] \rightarrow H(E,0.5)$$

以上规则表示如果第一个事实（A 为真）成立、第二个事实（B 为假）成立、第三个事实（C 为真）和第四个事实（D 为假）中有一个成立，则假设 E 成立的可能性为 0.5。

可信度的取值范围为-1～1。1 表示绝对肯定，-1 表示绝对否定。在推理中可能有几条规则推出同一假设，这时可信度的绝对值最大的规则生效。

所谓 HH 规则，就是从假设到假设的规则，用来从已知的假设推出其他假设。在 EXPERT 系统中的 HH 规则中，出现在规则左部的假设的确定性程度需要一个数值区间表示。例如，

$$H(A,0.2：1) \& H(B,0.1：1) \rightarrow H(C,1)$$

它表示如果对假设 A 有 0.2～1 的把握，并且对假设 B 有 0.1～1 的把握，则得出结论 C，其把握程度为 100%。另外，EXPERT 系统为提高推理效率，还把若干条 HH 规则组成一个模块，在模块前另加条件，将其称为该规则的上下文。只有上下文为真时，该规则组内的规则才被启用。

EXPERT 系统推理的主要目的是得到正确的结论或提出合理的问题。其推理过程大致描述如下。

①由事实对所有的 FF 规则进行推理，以取得尽可能多的事实。

②从已有的事实出发，检查所有的 FH 规则，如果其左部为真，就将其右部的假设存入集合 PH。

③置集合 DH 为空。

④从已有事实出发，检查所有的 HH 规则的上下文，且对上下文条件成立的规则作如下处理：若规则的左部假设出现在 DH 或 PH 中，则令 H 的当前可信度为 PH 和 DH 中同一 H 的各可信度绝对值最大者，按 H 的这个可信度对此规则进行推理，并把结论存入 DH 中。若 DH 中已有这个假设 H，则仅保留其可信度绝对值最大的那一个。

⑤按假设所形成的推理网络进行推理，以最终得到假设的可信度值。

⑥对假设的选择除可按上述方法选择可信度最大的外，EXPERT 还设置了评分函数。

EXPERT 已被用于建造医疗、地质和其他一些领域的诊断专家系统。典型的应用如图 4-10 所示。

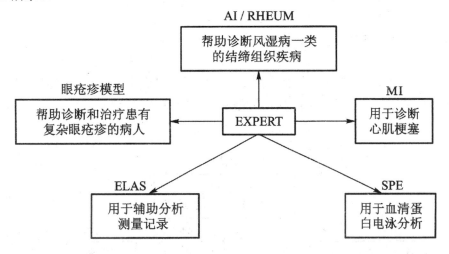

图 4-10 EXPERT 系统的应用

以上讨论了三种骨架系统。用骨架系统开发领域专家可以大大减少开发的工作量。但也存在一定的问题，主要问题是骨架系统只适用于建造与之类似的专家系统，因其推理机制和控制策略是固定的，所以局限性较大，灵活性差。

2. 语言型工具

语言型工具不同于骨架型工具，它并不严格地倾向特定的领域和范例系统，也不偏向具体问题的求解策略和表示方法，提供给用户的是建立专家系统所需要的基本机制，控制策略有许多种不同的形式，用户可以通过一定的手段影响其控制策略。可见，语言型开发工具更为灵活，可以处理许多不同领域和类型的问题。目前这类通用语言已有很多，如 OPS5，ROSIE，HEARSAYⅢ，RLL，ART 等。

OPS5 是语言型工具中一个比较典型的例子，这里对其进行简单介绍。OPS5 是美国卡内基梅隆大学开发的一种通用知识表达语言，其特点是将通用的表达和控制结合起来。它提供了专家系统所需的基本机制，并不偏向于某些特定的问题求解策略和知识表达结构。OPS5 允许程序设计者使用符号表示并表达符号之间的关系，但并不事先定义符号和关系的含义。这些含义完全由程序设计者所写的产生式规则确定。

OPS5 由产生式规则库、推理机及数据库三部分组成。规则的一般形式为

$$P（规则号）（前提）\rightarrow（结论）$$

其中前提是条件元的序列，而结论部分是基本动作构成的集合。OPS5 中定义了 12 个基本动作如 MAKE，MODIFY，REMOVE，WRITE 等。数据库用于存储当前求解问题的已知事实及中间结果等。数据库包含了一个不变的符号集合。符号结构有两种类型：符号向量、与属性—值元组相联系的对象。

推理机用规则库中的规则及数据库中的事实进行推理，具体步骤如下：

（1）确定哪些规则的前提已满足（匹配）；

（2）选择一个前提得到满足的规则，如果得不到满足的规则，则中止运行（解除冲突）；

（3）执行所选择规则的动作（动作）；

（4）转向（1）。

上述动作是行为序列的大框架；用户可以根据其意愿方式加入控制结构，即产生式系统本身确定使用什么样的控制及求解策略。

OPS5 已被用来开发许多专家系统。典型应用如图 4-11 所示。

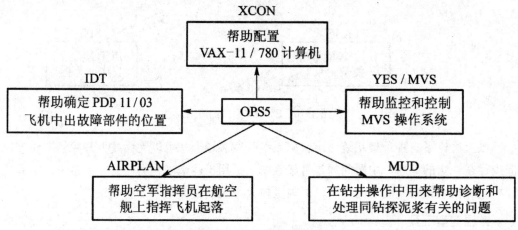

图 4-11 OPS5 系统的应用

这里需要说明的是，功能上的通用性与使用上的方便性是相互矛盾的，语言型工具由于应用范围更为广泛，需要考虑多种专家系统在开发时会有可能会遇到的问题，因此，使用方面的难度比较大，用户更难以掌握，对具体领域知识的表示以及与用户的对话方面和对结果的解释方面也比骨架型工具更困难。

3. 开发环境

专家系统开发环境又称专家系统开发工具包，是由一些程序模块所组成的，可以为专家系统的开发提供多种方便的构件，例如知识获取的辅助工具、适用各种不同知识结构的知识表示模式、各种不同的不确定推理机制、知识库管理系统以及各种不同的辅助工具、调试工具等。具体来说它可以分为两大类：设计辅助工具和知识获取工具。目前，国内外已有的专家系统开发环境有 AGE、TEIRESIAS 等。这里只简单地介绍 AGE。

AGE 是一个典型的设计辅助工具的例子，它是由斯坦福大学研制的。AGE 为用户提供了一个通用的专家系统结构框架，并将该框架分解为许多在功能和结构上较为独立的组件部件。这些组件已预先编制成标准模块存在系统中。用户可以通过以下两条途径构造自己的专家系统：一种是用户使用 AGE 现有的各种组件作为构造材料，很方便地来组合设计自己所需的系统；另一种是用户通过 AGE 的工具界面，定义和设计各种所需的组成部件，构成自己的专家系统。AGE 采用了黑板模型来构造专家系统结构框架。应用 AGE 已经开发了一些专家系统，主要用于医疗诊断、密码翻译、军事科学方面。

4. 程序设计语言

专家系统与传统系统不同，它侧重的是对符号化知识的表示和处理，因此，开发过程中要解决两大问题：第一，符号化知识的表示；第二，符号化知识的推理。因此，针对开发专家系统的智能型程序设计语言又分为两类，即面向人工智能的程序设计语言和知识表示语言。PROLOG 和 LISP 是两种最主要的面向人工智能程序设计语言，它们能方便地表示知识和设计各种推理机。

PROLOG 语言是一种以逻辑推理为基础的程序设计语言。无论是它描述求解问题的方式，还是其语言本身都与一般的程序设计语言有很大的差别。它最早在 20 世纪 70 年代初由英国爱丁堡大学的 R.Kowalski 首先提出，1986 年美国推出了 TURBO PROLOG 软件，能够适应个人计算机。现在，PROLOG 语言已经广泛应用于许多人工智能领域，包括定理证明、专家系统、自然语言理解等。

LISP 是一种表处理语言。它自创立以来在美国一直居于人工智能语言的主导地位。由于它易于表达，许多早期专家系统外壳是用 LISP 建立的。但是，传统的计算机不能高效地执行 LISP，对用 LISP 编写的外壳，情况更糟。为此，几个公司开始提供专门设计的机器来执行 LISP 代码。这些 LISP 机完全使用 LISP，甚至把它作为汇编语言。用 LISP 编写的专家系统的缺点是 LISP 机比传统的机器费用高，且是单用户的，因此，一般难以嵌入用其他语言编写的程序。

选择人工智能语言的一个重要原因是它提供了一些工具。由于可移植性、效率和速度等原因，许多专家系统工具，现在都用 C 语言编写或转换为 C 语言。

4.4　新型专家系统

新型专家系统是相对传统专家系统而言的，它在运行环境、实现技术、系统结构、实际功能、运行性能等方面都有很大的改善。

4.4.1　新型专家系统的特征

新型专家系统尚无明确定义，可以认为它是在传统专家系统的基础上引入一些新思想、新技术而产生的专家系统。下面我们对新型专家系统所具有的特征进行讨论。

1. 高级语言和知识语言描述

为了建立专家系统，知识工程师只需用一种高级专家系统描述语言对系统进行功能、性能以及接口描述，并用知识表示语言描述领域知识，专家系统生成系统就能自动或半自动地生成所要的专家系统。这包括自动或半自动地选择或综合出一种合适的知识表示模式，把描述的知识形成一个 KB，并随之形成相应的推理执行机构、辩解机构、用户接口以及学习模块等。①

2. 并行技术与分布处理

基于并行算法，采用并行推理和执行技术，能在多处理器的硬件环境中工作，即具有分布处理功能，是新一代专家系统的一个特征。系统中的多处理器应能同步并行工作，但更重要的是它还应能作异步并行处理，可以按数据驱动或请求驱动的方式实现分布在各处理器上的专家系统的各部分间的通信和同步。②

3. 多专家系统协同工作

为了拓宽专家系统解决问题的领域或使一些互相关联的领域能用一个系统来解题，提出了所谓协同式（synergetic）专家系统的概念。在这种系统中，有多个专家系统协同合作。各子专家系统间可以互相通信，一个（或多个）子专家系统的输出可能就是另一子专家系统的输入，从而使得专家系统求解问题的能力大大提升。

4. 更强的自学习功能

知识获取一直是专家系统的一个"瓶颈"问题，在这一问题上取得突破，提供高级的知识获取与学习功能，不但是新型专家系统追求的一个目标，同时还是专家系统的一个重要特征。这种专家系统应该能根据知识库中已有的知识和用户对系统提问的动态应答，进行推理以获得新知识、总结新经验，从而不断扩充知识库，这即所谓自学习机制。

5. 引入新的推理机制

目前的大部分专家系统只能作演绎推理。在新一代专家系统中，除演绎推理外，还应有归纳推理（包括联想、类比等推理），非标准逻辑推理（例如非单调推理、加权推理），以及基于不完全知识与模糊知识的推理等。③

6. 具有自动纠错和自我完善能力

自动纠错和自我完善功能是新一代专家系统的又一个追求的目标。为了纠错，必须首先有识别错误的能力；为了完善，必须首先有鉴别的标准。有了这种功能和上述的学习功能后，专家系统就会随着时间的推移，通过反复的运行不断地修正错误，不断完善自身，使知识越来越丰富。

7. 先进的智能人—机接口

理解自然语言，实现语音、文字、图形和图像的直接输入/输出是如今人们对智能计算机提出的要求，也是对新型专家系统的重要期望。这离不开软件、硬件技术的有力支持。

---

① 张丽丽. 基于可拓学的不确定性推理模型及其应用[D]. 西安：西安电子科技大学，2007.

② 张毅，安居白. Tickcon 专家系统中技术问题的研究与实现[J]. 计算机工程，2002，28（10）.

③ 刘畅. 基于 Web 的高校学报社智能管理信息系统研究[D]. 哈尔滨：哈尔滨工程大学，2007.

4.4.2 典型的新型专家系统

1. 高级语言和知识语言描述系统

为了建立专家系统,知识工程师只需用一种高级专家系统描述语言对系统进行功能、性能以及接口描述,并用知识表示语言描述领域知识,专家系统生成系统就能自动或半自动地生成所要的专家系统。这包括自动或半自动地选择或综合出一种合适的知识表示模式,把描述的知识形成一个 KB,并随之形成相应的推理执行机构、辩解机构、用户接口以及学习模块等。

2. 分布式专家系统

基于并行算法,采用并行推理和执行技术,能在多处理器的硬件环境中工作,即具有分布处理功能,是新一代专家系统的一个特征。系统中的多处理器应能同步地并行工作,但更重要的是它还应能作异步并行处理,可以按数据驱动或请求驱动的方式实现分布在各处理器上的专家系统的各部分间的通信和同步。

为了设计和实现一个分布式专家系统,一般要考虑功能分布、知识分布、驱动分布等不同方面的问题。

1) 功能分布

功能分布主要是把系统功能分解为多个子功能,并均衡地分配到各个处理节点上。每个节点实现一个或两个功能,各节点合在一起作为一个整体完成一个完整的任务。功能分解"粒度"的粗细要视具体情况而定。分布系统中节点的多寡以及各节点上处理与存储能力的大小是确定分解粒度粗细的两个重要因素。

2) 知识分布

支持不同任务的程序进行推理的知识也要经过合理划分,并分配到多个处理机的存储器中。在确定知识的分布时,一方面要尽量减少知识的冗余,以避免更新时可能引起的知识的不一致性;另一方面需要一定的冗余以保证处理的方便性和系统的可靠性。可见,这里有一个综合权衡的问题需要解决。

3) 接口设计

各部分之间接口的设计目的是要达到各部分之间容易进行互相通信和同步,在能保证完成总的任务的前提下,要尽可能使各部分之间互相独立。

4) 系统结构

这项工作一方面依赖于应用的环境与性质,另一方面依赖于其所处的硬件环境。如果领域问题本身具有层次性,例如,企业的分层决策管理问题,这时最适宜的系统结构是树形的层次结构。这样,系统的功能分配与知识分配就很自然,很容易进行,而且也符合分层管理或分级安全保密的原则。同级模块间讨论问题或解决分歧都通过它们的直接上级进行。下级服从上级,上级对下级具有控制权,这就是各模块集成为系统的组织原则。

对星形结构的系统，中心与外围节点之间的关系可以不是上下级关系，而把中心设计成一个公用的知识库和可供问题进行讨论的"黑板"（或公用邮箱），大家既可往"黑板"上写各种消息或意见，也可以从"黑板"上提取各种信息。而各模块之间则不允许避开"黑板"而直接交换信息。其中的公用知识库一般只允许大家从中取知识，而不允许各个模块随意修改其中内容。甚至公用知识库的使用也通过"黑板"的管理机构进行，这时各模块直接见到的只有"黑板"，它们只能与"黑板"进行交互，而各模块间是互相不见面的。

如果系统的节点分布在一个相互距离并不远的地区内，节点上用户之间独立性较大且使用权相当，则把系统设计成总线结构或环形结构是比较合适的。各节点之间可以通过互传消息的方式讨论问题或请求帮助（协助），最终的裁决权仍在本节点。因此，这种结构的各节点都有一个相对独立的系统，基本上可以独立工作，只在必要时请求其他节点的帮助或给予其他节点咨询意见。这种结构没有"黑板"，要讨论问题比较困难。不过这时可通过采用广播式向其他所有节点发消息的办法来弥补这个缺陷。

根据具体的要求和存在的条件，系统也可以是网状的，这时系统的各模块之间采用消息传递方法互相通信和合作。

5）驱动方式

在分布式专家系统中，各个任务模块采用的驱动方式也是非常重要的。可供选择的驱动方式一般有下列几种。

（1）控制驱动，即当需要某模块工作时，就直接将控制转到该模块，或将它作为一个过程直接调用它，使它立即工作。这种驱动方式是比较常用的一种，实现方便。但是，由于被驱动模块是被动地等待驱动命令的，所以并行性往往受到影响，有时即使其运行条件已经具备，若无其他模块下达的驱动命令，它自身不能自动开始工作。为此，提出了下述数据驱动方式。

（2）数据驱动，即任何一个子模块只要当它具备所需要的全部输入数据，就可以自动驱动工作。这种驱动方式可以发掘可能的并行处理，从而达到高效运行。在这种驱动方式下，各模块之间只有互传数据或消息的联系，其他操作都局限于模块进行，因此也是面向对象的系统的一种工作特征。但是，很有可能出现不根据需求盲目产生很多暂时用不上的数据，而造成"数据积压问题"。为此，提出了下述需求驱动方式。

（3）需求驱动，也称"目的驱动"，即从最顶层的目标开始，逐层驱动下层的子目标。与此同时，又按数据驱动的原则让具备数据（或其他条件）的模块进行工作，输出相应的结果并送到各自该去的模块。这是一种自顶向下的驱动方式。它把对其输出结果的要求和其输入数据的齐备两个条件复合起来作为最终驱动一个模块的先决条件，不但可以达到系统处理的并行性，还可以有效避免数据驱动时由于盲目产生数据而造成"数据积压"的弊病。

（4）事件驱动，即当且仅当模块的相应事件集合中所有事件都已发生时，才能驱动该模块开始工作。采用这种事件驱动方式时，各个模块都要规定使它开始工作所必需的一个事件集合。一个模块的输入数据的齐备可认为仅仅是一种事件。

这是比数据驱动更为广义的一个概念，由于事件的含义很广，所以事件驱动广义地包含了数据驱动与需求驱动等。

3. 协同式专家系统

为了拓宽专家系统解决问题的领域或使一些互相关联的领域能用一个系统来解题，提出了所谓协同式专家系统的概念。在这种系统中，有多个专家系统协同合作。各子专家系统间可以互相通信，一个（或多个）子专家系统的输出可能就是另一子专家系统的输入，从而使得专家系统求解问题的能力大大提升。

与分布式专家系统相比，协同式专家系统更强调子系统之间的协同合作，而不注重处理分布和知识的分布。它并不一定要求有多个处理机的硬件环境，而且一般都是在同一个处理机上实现各子专家系统的。为了设计与建立一个协同式多专家系统，一般需要解决下述问题。

1）任务的分解

根据领域知识，将确定的总任务合理地分解成几个分任务（各分任务之间允许有一定的重叠），分别由几个分专家系统来完成。应该指出，这一步十分依赖领域问题，一般应由领域专家来讨论决定。

2）公共知识的导出

把解决各分任务所需知识的公共部分分离出来形成一个公共知识库，供各子专家系统共享。对解决各分任务专用的知识则分别存放在各子专家系统的专用知识库中。这种对知识有分有合的存放方式，既避免了知识的冗余，也便于维护和修改。

3）讨论方式

目前很多作者主张采用"黑板"作为各分系统进行讨论的"园地"。这里所谓的"黑板"其实就是一个设在内存内可供各子系统随机存取的存储区。为了保证在多用户环境下"黑板"中数据或信息的一致性，需要采用管理数据库的一些手段（如并发控制等技术）来管理它、使用它，因此"黑板"有时也称为"中间数据库"。

有了"黑板"以后，一方面，各子系统可以随时从"黑板"上了解其他子系统对某问题的意见，获取它所需要的各种信息；另一方面，各子系统也可以随时将自己的"意见"发表在"黑板"上，供其他专家系统参考，从而达到互相交流情况和讨论问题的目的。

4）裁决问题

这个问题的解决办法往往依赖于问题本身的性质。例如：

（1）若问题是一个是非选择题，则可采用表决法或称少数服从多数法，即以多数分专家系统的意见为最终的裁决。或者采用加权平均法，即不同的分系统根据其对解决该问题的权威程度给予不同的权。

（2）若问题是一个评分问题，则可采用加权平均法、取中数法或最大密度法决定对系统的评分。

（3）若各分专家系统所解决的任务是互补的，则正好可以互相补充各自的不足，互相配合起来解决问题。每个子问题的解决主要听从"主管分系统"的意见，因此基本上不存在仲裁的问题。

5）驱动方式

这个问题与分布式专家系统中要考虑的相应问题是一致的。尽管协同式多专家系统、各子系统可能工作在一个处理机上，但仍然有以什么方式将各子系统根据总的要求激活执行的问题，即所谓驱动方式问题。一般在分布式专家系统中介绍的几种驱动方式对协同式多专家系统仍是可用的。

因此，有必要对上述问题进一步展开讨论，以促进专家系统的研究与发展。

4. 模糊专家系统

模糊专家系统是指采用模糊计算技术来处理含有模糊性数据、信息或知识的复杂问题的一类新型专家系统。它还善于将精确数据或信息模糊化，通过模糊推理对复杂问题进行推理。

1）模糊专家系统的基本结构

模糊专家系统在控制领域发挥着重要作用，如今已成为智能控制的一个分支领域。模糊专家系统的基本结构与传统专家系统类似，一般由模糊知识库、模糊数据库、模糊推理机、模糊知识获取、解释模块和人机接口六部分组成，如图 4-12 所示。

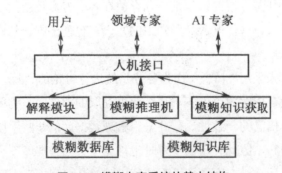

图 4-12 模糊专家系统的基本结构

（1）模糊知识库。模糊知识库中存放从领域专家那里得来的与特定问题求解相关的事实与规则。这些事实与规则的模糊性由模糊集及模糊集之间的模糊关系来表示。如果是基于模糊关系合成的运算，则知识库中存放的是模糊关系矩阵。

（2）模糊数据库。模糊数据库与传统专家系统的综合数据库类似，用于存放系统推理过程中的模糊证据和系统推理过程中所得到的模糊的中间结论。

（3）模糊推理机。模糊推理机是模糊专家系统的核心。它根据初始模糊信息，利用模糊知识库中的模糊知识，按照一定的模糊推理策略，推出可以接受的模糊结论。

（4）模糊知识获取。模糊知识获取模块的主要功能是辅助知识工程师把由领域专家用自然语言描述的领域知识转换成相应的模糊语言值或者用模糊集表示模糊知识，这个过程称为模糊化，得到的结果存入模糊知识库。

（5）解释模块。解释模块的作用与传统专家系统的解释模块类似，用于回答用户提出的问题，即给出模糊推理的过程和结论。

（6）人机接口。人机接口是模糊专家系统与外界的接口，实现系统与用户、领域专家和知识工程师之间的信息交流。并且，它们之间交换的信息是模糊的。

2）模糊专家系统的推理机制

模糊推理机制是一种根据初始模糊信息，利用模糊知识求出模糊结论的过程。目前，常用的模糊推理方法主要有两种：模糊关系合成推理和模糊匹配推理。

（1）模糊关系合成推理。模糊关系合成推理是最常用的一种推理方式。模糊关系合成推理实际上就是模糊假言推理、模糊拒取式推理和模糊假言三段论推理。

以模糊假言推理为例，其基本方法如下：

假设有模糊规则

$$\text{IF } x \text{ is } A \text{ THEN } y \text{ is } B$$

已知模糊证据

$$x \text{ is } A'$$

求模糊结论

$$y \text{ is } B'$$

其推理过程是：先求出 A 和 B 之间的模糊关系 $\boldsymbol{R}$，然后再利用 $\boldsymbol{R}$ 求出 B'

$$B' = A \circ \boldsymbol{R}$$

（2）模糊匹配推理。模糊匹配推理实际上就是用语义距离、贴近度等来度量两个模糊概念之间相似程度（即匹配度）的一种模糊推理方法。它先由领域专家给定一个阈值，当两个模糊概念之间的匹配度大于阈值时，认为这两个模糊概念之间是匹配的，否则为不匹配，并以此来引导模糊推理过程。

5. 神经网络专家系统

神经网络专家系统是将神经网络与传统专家系统集成所得到的一种新型专家系统。在神经网络专家系统中，传统专家系统基于符号的知识的显式表示被变为基于神经网络及其联结权值的隐式知识表示，基于逻辑的串行推理方式被变为基于神经网络的并行联想和自适应推理方式。

1）神经网络与传统专家系统的集成方法

神经生理学研究表明，在人类智能中，知识存储与低层信息处理是并行分布的，高层信息处理是顺序的。由于神经网络具有高度的分布并行性、联想记忆功能、容错功能、自组织和自学习功能等，因此比较适合模拟人类的低层智能。而传统专家系统以逻辑推理为主，因此适合模拟人类的高层智能。把神经网络与传统专家系统集成，可以做到优势互补。其集成方法有以下三种模式。

1）神经网络与传统专家系统的集成方法

神经生理学研究表明，在人类智能中，知识存储与低层信息处理是并行分布的，高层信息处理是顺序的。由于神经网络具有高度的分布并行性、联想记忆功能、容错功能、自组织和自学习功能等，因此比较适合模拟人类的低层智能。而传统专家系统以逻辑推理为主，因此适合模拟人类的高层智能。把神经网络与传统专家系统集成，可以做到优势互补。其集成方法有以下三种模式。

（1）神经网络支持专家系统。这种模式是一种以传统专家系统为主，以神经网络有关技术为辅的集成技术。例如，当用神经网络辅助实现知识自动获取时，领域专家只需要提供与领域知识有关的实例及其解，然后通过神经网络的自学习过程，即可将获得的知识分布到网络的互联结构及其联结权值上。

（2）专家系统支持神经网络。这种模式是一种以神经网络的有关技术为核心，建立相应领域的专家系统，采用传统专家系统的相关技术完成解释等方面的工作。

（3）协同式神经网络专家系统。这是一种处理大型复杂问题的专家系统模式，它将一个大的问题分解为若干个子问题，并针对每个子问题的特点，选用神经网络专家系统或传统专家系统来实现，并在神经网络和传统专家系统之间建立一种耦合关系。

2）神经网络专家系统的基本结构

神经网络专家系统的主要目标是利用神经网络的自学习能力和大规模分布并行处理功能等，实现自动化知识获取和并行联想自适应推理，以提高专家系统的智能化水平、实时处理能力和鲁棒性。神经网络专家系统的基本结构如图 4-13 所示。

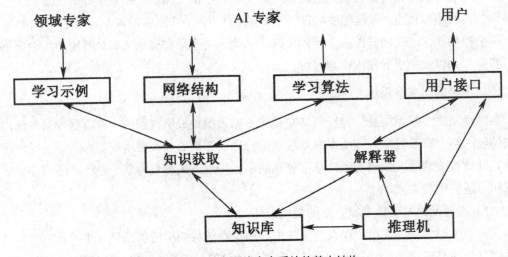

图 4-13　神经网络专家系统的基本结构

神经网络专家系统各部分的主要功能如下。

（1）知识库。神经网络专家系统的知识库由神经网络来实现，它实际上是一个经过训练达到稳定权值分布的神经网络，领域知识被隐式地分散存储在神经网络的各个联结权值和阈值中。神经网络专家系统知识库的建立过程实际上就是神经网络的学习过程。

（2）知识获取。神经网络专家系统的知识获取主要表现为训练样本的获取和神经网络的训练两个方面。其中，训练样本是领域问题中有代表性的实例，对训练样本的选择应遵循完备性和可扩充性的原则；网络训练是神经网络的学习过程，其训练结果应该是一个满足训练样本要求的达到稳定权值分布的神经网络。

（3）推理机。神经网络专家系统的推理过程是一个非线性数值计算过程，它是一种并行推理机制。其推理过程主要由以下两部分组成：第一，将当前输入模式变换为神经网络的输入模式；第二，由输入模式计算网络的输出模式。

（4）解释器。解释器的主要作用是对神经网络的输出模式进行解释，即把由数字表示的神经网络的输出模式变换为用户能够理解的自然语言形式。由于神经网络专家系统的知识是一些用数字形式隐式标志的联结权值，不具备自然解释能力，因此其解释机制的实现较为困难。

3）神经网络专家系统的设计

神经网络专家系统设计的重点是其知识库。

以 BP 网络为例，建造一个 BP 网络专家系统的主要步骤如下。

（1）根据输入/输出的参数要求及训练样本数目，确定神经网络的结构。如果系统比较简单，可直接用一个 BP 网络组建专家系统；如果系统比较复杂，其联结权值的数目会很多，训练样本的组合也会很巨大，因此可将神经网络划分成多个子系统，即由多个子神经网络来组建专家系统。

（2）根据领域问题及其要求，依次确定各神经网络的训练样本。

（3）利用训练样本，对神经网络进行训练，以获得各神经元的联结权值和阈值。

（4）将训练后的神经网络作为专家系统的知识库，并建立神经网络专家系统。

6. 事务处理专家系统

事务处理专家系统是指融入专家模块的各种计算机应用系统，如财务处理系统、管理信息系统、决策支持系统、CAD 系统、CAI 系统等。这种思想和系统，打破了将专家系统孤立于主流的数据处理应用之外的局面，将两者有机地融合在一起。事实上，也应该如此，因为专家系统并不是什么神秘的东西，它只是一种高性能的计算机应用系统。这种系统也就是要把基于知识的推理，与通常的各种数据处理过程有机地结合在一起。当前迅速发展的面向对象方法，将会给这种系统的建造提供强有力的支持。

7. 基于 Web 的专家系统

随着网络技术的发展，Web 逐步成为大多数软件用户的交互接口，软件逐步走向网络化。Web 已经成为专家系统的一个新的重要特征。基于 Web 的专家系统是 Web 数据交换技术与传统专家系统集成所得到的一种新型专家系统。它利用 Web 浏览器实现人机交互，专家系统的知识库和推理机也逐步实现与 Web 接口的交互。

1）基于 Web 的专家系统的结构

基于 Web 的专家系统由 Web 浏览器、应用服务器和数据库服务器三个层次所组成，这种结构符合三层网络结构。它包括 Web 接口、推理机、解释器、数据库和知识库，各部分的功能与其他类型的专家系统类似。其基本结构如图 4-14 所示。

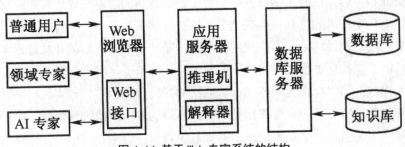

图 4-14 基于 Web 专家系统的结构

基于 Web 的专家系统将人机交互定位在 Internet 层次上，具体工作过程是这样的：普通用户、领域专家、AI 专家都可以通过浏览器访问专家系统的应用服务器，将问题传递给 Web 推理机，然后 Web 推理机通过后台数据库服务器对数据库和知识库进行推理，推导出问题的结论，最后将推出的结论告诉用户。

根据这一基本的基于 Web 的专家系统结构可以设计出很多种不同的基于 Web 的专家系统及其工具，如基于 Web 的飞机故障远程诊断专家系统、基于 Web 的拖网绞机专家系统。

2）基于 Web 的专家系统的开发

基于 Web 的专家系统多采用 B/S 模式。例如，可采用浏览器/Web/服务器的三层体系结构，用户通过浏览器向 Web 服务器发送服务请求，服务器端的专家系统收到浏览器传来的请求信息后，调用知识库，运行推理模块，进行推理判断，最后将产生的推理结构显示在浏览器上。

用户页面可设计成 HTML 格式，利用 Web 技术，实现与远程服务器专家系统的连接。目前，Web 与专家系统可以通过 CGI（Common Gateway Interface）、ISAP、Java Applet、ASP（Active Server Page）、PHP（Personal Home Page）等多种不同的技术实现连接。

数据库设计应选用主流数据库管理系统来实现。例如，可选择 SQL Server 作为专家系统的数据库管理系统。SQL Server 不仅是一个高性能的多用户数据库管理系统，而且提供了 Web 支持，具有数据容错、完整性检查和安全保密等功能。利用 SQL Server 的数据库管理功能，可实现 B/S 模式下的知识库管理与维护，可对知识库提供方便的增、删、改等操作，能更好地保证知识库的正确性、完整性和一致性。

4.5　习题

1. 填空题

（1）专家系统是_____。

（2）一个专家系统必须满足以下基本条件：_____。

（3）一般完整的专家系统仍然是由六大部分组成，即_____、_____、

_____、_____、_____和_____。

2. 选择题

（1）关于专家系统的数据库正确的说法有_____。

    A. 可以被所有的规则访问

    B. 有局部的数据库是特别属于某些规则的

    C. 规则之间通过数据库发生联系

    D. 存储量很小

（2）专家系统的设计应结合考虑到专家系统的特点，应注意_____原则。

    A. 专门任务　　　　　　　　B. 专家合作

    C. 原型设计　　　　　　　　D. 无须用户参与

（3）专家系统的开发工具有_____。

    A. 骨架型工具　　　　　　　B. 语言型工具

    C. 专家系统开发工具包　　　D. 程序设计语言

3. 简答题

（1）试列举专家系统的类型，并分析不同类型系统的特点。

（2）专家系统与传统程序有何不同和相似之处？

（3）知识获取的主要任务是什么？为什么说它是专家系统建造中的一个"瓶颈"问题？

（4）建造一个专家系统时要经历哪几个阶段？

（5）专家系统的发展和应用，对社会产生何种正面和负面作用？试从社会、经济和人民生活等方面加以阐述。

（6）新型专家系统有何特征？什么是分布式专家系统和协同式专家系统？

第5章 人工智能下的人机关系

人机工程学是一门综合性的边缘学科,与国民经济的各个部门都有密切的关系,其研究的领域和发展趋势也是多元化的。从诞生到现在的半个多世纪里,学科已经取得了长足的发展。在新的世纪里,计算机技术、信息技术、生命科学、心理学、工程科学和设计学等领域的迅速发展,为人机工程学提供了重要的理论基础和技术支持,同时也为人机工程学的研究带来了许多新的线索和发展。

人工智能时代,计算机智能技术和机器人技术都得到了飞跃,也成了人类发展的重要方向,通过对智能技术及人机关系的研究,相信不久的将来机器人将会成为人类重要的辅助工具,使人从劳累的生活中解脱出来,而机器人的研发离不开人工智能技术。

【学习目标】
· 了解人机关系的内涵。
· 了解人机与智能系统的紧密结合。
· 了解智能机器人。

培养学生精益求精的大国工匠精神和勇攀科技高峰的责任感。

5.1 人机关系的内涵

人机关系其实是一个内涵丰富的概念,从字面的意思来看,人既可以指代个体的人,也可以指人的类本质中所蕴含的各种人的结构功能或属性;相对应的,机可以指称具体的生产工具技术产品,以及包括计算机系统在内的各类复杂的机器系统,也可以指更多的具有抽象意义的机器的本质。

单纯从概念内涵的角度来看,相对应的也就会用多重的人机关系来体现。

第一,具体的人和具体的机器的关系。这种关系是一种明确的个体对个体的关系,重点探讨的是在具体的机器操作过程中,人如何操作机器、操作的体验如何、机器如何向人作出反馈,以及机器的反馈在何种程度上满足了人的操作需求等。此类研究是典型的案例研究,即以案例为依托探讨相应的操作性问题,可能更多见于具体产品的开发与测试，也可以作为相关研究的重要论据。

第二，具体的人和机的本质的关系。这种关系实质上是以具体的人的使用体验为依托，探究的是工具和机器等要具有怎样的属性或特征才能给人带来更好的操作体验。此类人机关系的研究重点在于机器设计的理念优化，即从总体上探究怎样的机器设计理念才能增强人的操作体验，并且也有可能会探究怎样优化机器系统才能更好地服务于人的使用。当然，此类研究是有必要结合具体的案例展开的。

第三，人的类本质与具体的机器之间的关系。此类研究更多是探讨某类机器的设计与使用，对于人的类本质而言会在怎样的程度上得到维护或者在怎样的程度上受到损害。在此类人机关系的问题中，人的某些类本质会作为已知的理论前提出现，并以此为基础，结合特定的、具体的，机器所呈现的特征，说明机器或技术设计与使用的合理性。

第四，人的类本质与机的类本质之间的关系。此类人机关系问题的解答，实际上要以上述三类人机关系问题的探讨作为基础。这里的人与机的类本质是对于具体操作的抽象，并且也并不一定会探讨人与机的类本质的全体，而是会重点探讨人与机可能发生关系的类本质的内涵。

那么从上述几种由概念理论演绎而来的人机关系的内容来看，实际上可以发现在理论探讨方面存在着些许的不连贯之处。其中最集中的表现在于，所谓的人与机的关系该如何产生的问题。而操作和使用这类概念无疑会显得有些笼统，因此这里有必要引入其他的理论概念，以更好地对关系的产生、发展与持续问题加以探讨。

5.2　人机与智能系统的紧密结合

人机工程学的发展迫切需要智能技术的支持。人工智能从本质上说是利用计算机来模拟人的智能活动，因此，作为研究人的科学的人机工程学，在智能设计方面，尤其是人和计算机一体化方面具有特殊的作用。这也是人机工程学发展的重要方向之一。

人机智能是着眼于发展人机结合的系统，在人机智能中不仅包含计算机，更包含人脑。它强调人脑与计算机结合，充分发挥计算机速度快、容量大、不知疲倦的特长和人脑擅长于形象思维的能力，使人脑和计算机成为一个相互补充的、有机的、开放的系统。从某种意义上说，人机智能系统是一种很好的人机系统。

人机智能系统必须是一个自适应系统，它能连续自动地检测对象的动态特性，并能根据自身情况调节。它需要完成三个基本动作：辨识或测量、决策、调整。其中，针对对象的辨识或测量可以通过计算机及其相关设备在人的辅助参与下进行，人应当在决策过程中起主导作用并通过机器和人本身实现系统的自我调整。人在决策中的主导作用集中体现在对问题的归纳和对知识的推理及建模两个过程中，在这两个过程中计算机的作用是利用人工智能技术、决策支持技术等提供的方法对数据进行处理及分析，为人的决策起到良好的辅助作用。而人则利用计算机提供的资料并结合自己的经验得出结论，并通过计算机系统反馈信息，调整系统状态，以达到适应环境的目的。

以上探讨分析了人机工程学在总体上的发展趋势，除了上述这些方面，学科内部的技术研究也有着非常关键的作用，对学科的未来发展有着重要的导向意义和参考价值。深刻认识人机工程技术在系统中的作业特性，才能在最大限度发挥人机工程设计的整体能力。人机工程学学科中有很多相关问题需要运用人机工程技术来分析和解答，来获得最佳的人机交互，切实提高人机工效，从根本上推动人机工程的发展。

5.3　智能机器人

智能机器的典型代表是智能机器人。作为人工智能技术的综合载体，智能机器人有3个基本要素：能行动、有感觉、会思考。从技术层面看，机器人的成长每增加一个要素，就完成一次更新换代，目前已经经历了三代。

第一代机器人仅仅做到"能行动"，这类机器人需要通过实时在线示教程序教给它们执行特定作业任务所需要的动作顺序和运动轨迹，能不断重复再现这些动作顺序和运动路径，因此又被称为"示教再现型"机器人。这类机器人几乎没有感觉，因而无法处理外界信息，只能用在工作环境一成不变的自动化生产线上。

第二代机器人称为"感觉型"机器人，具有了触觉、视觉、听觉、力觉等功能，这使得它们可以根据外界的不同信息对环境变化作出判断，并相应地调整自己的行动，以保证工作质量。例如，会避障的清洁机器人就是典型的有感觉的机器人。

第三代机器人不仅具有多种技能并能够感知内外部环境，而且还"会思考"，能够识别、推理、规划和学习，自主决策该做什么和怎样去做，这种3个要素兼具的机器人就是"智能型"机器人。

"会思考"是智能机器人的核心特征，是非智能机器人向智能机器人进化的关键所在。"会思考"的智能机器人涉及大量人工智能技术，如机器视听觉技术、模式识别技术、自然语言理解技术、机器学习技术、机器认知技术、人机接口技术、人工心理与人工情感技术……

这些智能技术的综合应用，将使机器人的"感觉"能力提升为"感知"能力，机器人的"自动执行"能力提升为"自主决策"能力，机器人的"调度知识"能力提升为通过学习"获取知识"的能力。

由于人工智能技术将在类人智能方面不断取得突破，所以智能机器人将会愈来愈像"人"。这样的智能机器人将不再是冷冰冰的机器，它们会具有人类般的思维方式和人类般的心理和情感，善解人意，表情丰富，行为举止愈来愈有人的特点，真正无愧于"机器人"这一头衔！

5.3.1 智能机器人中视觉的应用

人类获取信息 90% 以上来自视觉，因此，为机器人配备视觉系统是非常自然的想法。机器人视觉可以通过视觉传感器获取环境图像，并通过视觉处理器进行分析和解释，进而转换为符号，让机器人能够辨识物体并确定其位置。其目的是使机器人拥有一双类似于人类的眼睛，从而获得丰富的环境信息，以此来辅助机器人完成作业。

在机器人视觉中，客观世界中的三维物体经由摄像机转变为二维的平面图像，再经图像处理输出该物体的图像。通常机器人判断物体位置和形状需要两类信息，即距离信息和明暗信息。毋庸置疑，作为物体视觉信息来说，还有色彩信息，但它对物体的位置和形状识别不如前两类信息重要。机器人视觉系统对光线的依赖性很大，往往需要好的照明条件，以便使物体所形成的图像最为清晰、检测信息增强，克服阴影、低反差、镜反射等问题。

机器人视觉的应用包括为机器人的动作控制提供视觉反馈、移动式机器人的视觉导航以及代替或帮助人工进行质量控制、安全检查所需的视觉检验。

5.3.2 智能机器人中触觉的应用

人类皮肤触觉感受器接触机械刺激产生的感觉，称为触觉。皮肤表面散布着触点，触点的大小不尽相同且分布不规则，一般情况下指腹最多，其次是头部、背部和小腿最少，所以指腹的触觉最灵敏，而小腿和背部的触觉则比较迟钝。若用纤细的毛轻触皮肤表面，只有某些特殊的点被触及，人才能感受到触觉。触觉是人与外界环境直接接触时的重要感觉功能。

触觉传感器是机器人中用于模仿触觉功能的传感器。机器人中的触觉传感器主要包括接触觉、压力觉、滑觉、接近觉和温度觉等，触觉传感器对于灵巧手的精细操作意义重大。在过去的三十年间，人们一直尝试用触觉感应器取代人体器官。然而，触觉感应器发送的信息非常复杂、高维，而且在机械手中加入感应器并不会直接提高它们的抓物能力。我们需要的是能够把未处理的低级数据转变成高级信息从而提高抓物和控物能力的方法。

近年来，随着现代传感、控制和人工智能技术的发展，科研人员对包括灵巧手触觉传感器以及使用所采集的触觉信息结合不同机器学习算法实现对抓取物体的检测与识别以及灵巧手抓取稳定性的分析等开展了研究。目前，主要通过机器学习中的聚类、分类等监督或无监督学习算法来完成触觉建模。

5.3.3 智能机器人中听觉的应用

人的耳朵同眼睛一样是重要的感觉器官，声波叩击耳膜，刺激听觉神经的冲动，之后传给大脑的听觉区形成人的听觉。

听觉传感器用来接收声波，显示声音的振动图像，但不能对噪声的强度进行测量，是一种可以检测、测量并显示声音波形的传感器，被广泛用于日常生活、军事、医疗、工业、领海、航天等领域，并且成为机器人发展所不能缺少的部分。在某些环境中，要求机器人能够测知声音的音调和响度、区分左右声源及判断声源的大致方位，甚至是要求与机器进行语音交流，使其具备"人—机"对话功能，自然语言与语音处理技术在其中起到重要作用。听觉传感器的存在，使机器人能更好地完成交互任务。

5.3.4　智能机器人发展趋势

当今机器人发展的特点可概括为三方面：一是在横向上，机器人应用面越来越宽，由95%的工业应用扩展到更多领域的非工业应用，像做手术、采摘水果、剪枝、巷道掘进、侦查、排雷，还有空间机器人、潜海机器人。机器人应用无限制，只要能想到的，就可以去创造实现。二是在纵向上，机器人的种类越来越多，像进入人体的微型机器人已成为一个新方向。三是机器人智能化得到加强，机器人更加聪明。机器人的发展史犹如人类的文明和进化史在不断地向着更高级发展。从原则上说，意识化机器人已是机器人的高级形态，不过意识又可划分为简单意识和复杂意识。人类具有非常完美的复杂意识，而现代所谓的意识机器人最多只是简单化意识，未来意识化智能机器人是非常有可能的发展趋势。

人类的运动技能经验可以从学习生活中不断获取、学习并逐渐内化为自身掌握的技能。人类可以通过不断的学习来增加自己所掌握的技能，并将所学技能存储于自己的记忆中，在执行任务时，可以基于已掌握经验自主选择技能动作用以完成任务，比如人类打球时会选择运球动作和投篮动作来实现最终的得分进球。在机器人研究领域，越来越多的关注投向了机器人学习领域，如何将人类的学习方法与过程应用于机器人学习成为关注的焦点。

当前，我国已经进入了机器人产业化加速发展阶段。无论在助老助残、医疗服务领域以及面向太空、深海、地下等危险作业环境，还是精密装配等高端制造领域，迫切需要提高机器人的工作环境感知和灵巧操作能力。随着云计算与物联网的发展，伴之而生的技术、理念和服务模式正在改变着我们的生活。作为全新的计算手段，也正在改变机器人的工作方式。机器人产业作为高新技术产业，应该充分利用云计算与物联网带来的变革，提高自身的智能与服务水平，从而增强我国在机器人行业领域的创新与发展。

在云计算、物联网环境下的机器人在开展认知学习的过程中必然面临大数据的机遇与挑战。大数据通过对海量数据的存取和统计、智能化地分析和推理，并经过机器的深度学习后，可以有效推动机器人认知技术的发展；而云计算让机器人可以在云端随时处理海量数据。可见，云计算和大数据为智能机器人的发展提供了基础和动力。在云计算、物联网和大数据的大潮下，我们应该大力发展认知机器人技术。认知机器人是一种具有类似人类的高层认知能力，并能适应复杂环境、完成复杂任务的新一代机器人。基于认知的思想，一方面机器人能有效克服前述的多种缺点，智能水平进一步提高；另一方面使机器人也具有同人类一样的脑—手功能，将人类从琐碎和危险环境的劳作中解放出来，而这一直是人类追求的梦想。脑—手运动感知系统具有明确的功能映射关系，从神经、行为、计算等多种角度深刻理解大脑神经运动系统的认知功能，揭示脑与手动作行为的协同关系，理解人类脑—手运动控制的本质，是当前探索大脑奥秘且有望取得突破的一个重要窗口，这些突破将为理解脑—手感觉运动系统的信息感知、编码以及脑区协同实现脑—手灵巧控制提供支撑。目前，国内基于认知机理的仿生手实验验证平台还很少，大多数仿生手的研究并未充分借鉴脑科学的研究成果。实际上，人手能够在动态不确定环境下完成各种高度复杂的灵巧操作任务正是基于人的脑—手系统对视、触、力等多模态信息的感知、交互、融合，以及在此基础上形成的学习与记忆。由此，将人类脑—手的协同认知机理应用于仿生手研究是新一代高智能机器人发展的必然趋势。

5.4　习题

1. 填空题

（1）人机关系中，人是指＿＿＿＿，机是指＿＿＿＿。

（2）人机关系的四层内涵，即＿＿＿＿、＿＿＿＿、＿＿＿＿、＿＿＿＿。

（3）作为人工智能技术的综合载体，智能机器人有 3 个基本要素：＿＿＿＿、＿＿＿＿、＿＿＿＿。

2. 选择题

（1）关于专家系统的数据库正确的说法有＿＿＿＿。

　　A. 可以被所有的规则访问

　　B. 有局部的数据库是特别属于某些规则的

　　C. 规则之间通过数据库发生联系

　　D. 存储量很小

（2）专家系统的设计应结合考虑到专家系统的特点，应注意＿＿＿＿原则。

　　A. 专门任务　　　　　　　B. 专家合作

　　C. 原型设计　　　　　　　D. 无须用户参与

（3）专家系统的开发工具有＿＿＿＿。

　　A. 骨架型工具　　　　　　B. 语言型工具

　　C. 专家系统开发工具包　　D. 程序设计语言

3. 简答题

（1）试阐述智能机器人的发展经历了几代更新。

（2）试着对智能机器人发展趋势进行展望，并分析其给人们生活带来的影响。

第6章　人工智能创新八大领域

合理地运用人工智能技术，无疑可以使人们的生活变得更便捷、更高效、更轻松。科技改变生活，如果说智能科技的发展给生活带来了 1.0 的改变，那么人工智能科技的发展则给智能生活带来了 2.0 的升级。人工智能还在起步阶段，下一代人工智能的发展充满机遇与挑战。本章重点介绍几类人工智能的典型应用。

【学习目标】
- 了解智能制造的内容。
- 了解智能医疗的内容。
- 了解智能金融的内容。
- 了解智能教育的内容。
- 了解智能驾驶的内容。
- 了解智能安防的内容。
- 了解智能家居的内容。
- 了解智能农业的内容。

提高学生奋斗精神和开拓创新精神，引领学生感悟智能时代的科学精神，树立正确的人生观和价值观。

6.1　智能制造

智能制造（Intelligent Manufacturing，IM）简称智造，源于人工智能的研究成果，是一种由智能机器和人类专家共同组成的人机一体化智能系统。人工智能在制造过程中，主要采取分析、推断、判断以及构思和决策等的适应过程，与此同时还通过人与机器的合作，最终实现机器的人工智能化，智能制造使得自动化制造更为柔性化、智能化和高度集成化。

6.1.1　智能制造技术

智能制造技术是通过人类机器模拟专家的分析、判断、推理、构思和决策等智能活动，并将这些智能活动与智能机器有机融合，使其应用于制造企业的各个子系统（如经营决策、采购、产品设计、生产计划、制造、装配、质量保证和市场销售等）的先进制造技术。该技术能够实现整个制造企业经营运作的高度柔性化和集成化，取代或延伸制造环境中专家的部分脑力劳动，并对制造业专家的智能信息进行收集、存储、完善、共享、继承和发展，从而极大地提高生产效率。

6.1.2　智能制造系统

智能制造系统是一种由部分或全部具有一定自主性和合作性的智能制造单元组成的、在制造活动全过程中表现出相当智能行为的制造系统。其最主要的特征在于工作过程中对知识的获取、表达与使用。根据其知识来源，智能制造系统可分为两类。

（1）以专家系统为代表的非自主式制造系统。该类系统的知识由人类的制造知识总结归纳而来。

（2）建立在系统自学习、自进化与自组织基础上的自主型制造系统。该类系统可以在工作过程中不断自主学习、完善与进化自有的知识，因而具有强大的适应性以及高度开放的创新能力。随着以神经网络、遗传算法与遗传编程为代表的计算机智能技术的发展，智能制造系统正逐步从非自主式智能制造系统向具有自学习、自进化与自组织的具有持续发展能力的自主式智能制造系统过渡发展。

6.1.3　智能制造系统架构

智能制造系统的整体架构可分为五层。上文所说的几种子系统，贯穿在这五层中，帮助企业实现各个层次的最优管理。

各层的具体构成如图 6-1 所示。

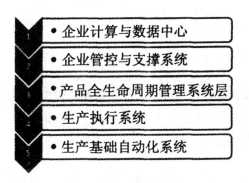

图 6-1　智能制造系统架构

1）企业计算与数据中心层

企业计算与数据中心层包括网络、数据中心设备、数据存储和管理系统、应用软件等，提供企业实现智能制造所需的计算资源、数据服务及具体的应用功能，并具备可视化的应用界面。企业为识别用户需求而建设的各类平台，包括面向用户的电子商务平台、产品研发设计平台、生产执行系统运行平台、服务平台等。这些平台都需要以该层为基础，方能实现各类应用软件的有序交互工作，从而实现全体子系统信息共享。

2）企业管控与支撑系统层

企业管控与支撑系统层包括不同的子系统功能模块，典型的子系统有战略管理、投资管理、财务管理、人力资源管理、资产管理、物资管理、销售管理、健康安全与环保管理等。

3）产品全生命周期管理系统层

产品全生命周期管理系统层主要分为研发设计、生产和服务三个环节。研发设计环节主要包括产品设计、工艺仿真和生产仿真。应用仿真模拟现场形成效果反馈，促使产品改进设计，在研发设计环节产生的数字化产品原型是生产环节的输入要素之一；生产环节涵盖了上述生产基础自动化系统层与生产执行系统层的内容；服务环节主要通过网络进行实时监测、远程诊断和远程维护，并对监测数据进行大数据分析，形成和服务有关的决策、指导、诊断和维护工作。

4）生产执行系统层

生产执行系统层包括不同的子系统功能模块（计算机软件模块），典型的子系统有制造数据管理系统、计划排程管理系统、生产调度管理系统、库存管理系统、质量管理系统、人力资源管理系统、设备管理系统、工具工装管理系统、采购管理系统、成本管理系统、项目看板管理系统、生产过程控制系统、底层数据集成分析系统、上层数据集成分解系统等。

5）生产基础自动化系统层

生产基础自动化系统层主要包括生产现场设备及其控制系统。其中生产现场设备主要包括传感器、智能仪表、可编程逻辑控制器 PLC、机器人、机床、检测设备、物流设备等。控制系统主要包括适用于流程制造的过程控制系统、适用于离散制造的单元控制系统和适用于运动控制的数据采集与监控系统。

6.1.4　智能制造装备

智能制造装备是具有感知、分析、推理、决策、控制等功能的制造装备，它能够自行感知、分析运行环境，自行规划、控制作业，自行诊断和修复故障，主动分析自身性能优劣、进行自我维护，并能够参与网络集成和网络协调。智能制造装备的定义如图 6-2所示。

智能制造装备产业涵盖了关键智能基础共性技术（如传感器等关键器件和零部件

等）、测控装置和部件（如智能仪表、高档自控系统、数控系统等），以及智能制造成套装备等几大领域。由此可见，智能制造装备与生产制造的各个环节息息相关，大力发展智能制造装备，可以有效优化生产流程，提高生产效率、技术水平和产品质量。

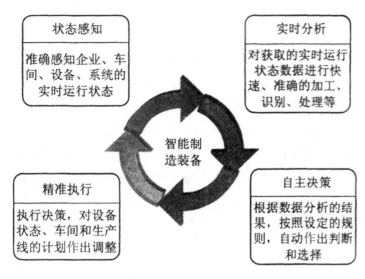

图 6-2　智能制造装备

6.1.5　智能制造服务

智能制造服务是指面向产品的全生命周期，依托于产品创造高附加值的服务。举例来说，智能物流、产品跟踪追溯、远程服务管理、预测性维护等都是智能制造服务的具体表现。

智能制造服务结合信息技术，能够从根本上改变传统制造业产品研发、制造、运输、销售和售后服务等环节的运营模式。不仅如此，由智能制造服务环节得到的反馈数据，还可以优化制造行业的全部业务和作业流程，实现生产力可持续增长与经济效益稳步提高的目标。

企业可以通过捕捉客户的原始信息，在后台积累丰富的数据，以此构建需求结构模型，并进行数据挖掘和商业智能分析，除了可以分析客户的习惯、喜好等显性需求外，还能进一步挖掘与客户时空、身份、工作生活状态关联的隐性需求，从而主动为客户提供精准、高效的服务。可见，智能制造服务实现的是一种按需和主动的智能，不仅要传递、反馈数据，更要系统地进行多维度、多层次的感知，以及主动、深入的辨识。

智能制造服务是智能制造的核心内容之一，越来越多的制造型企业已经意识到从生产型制造向生产服务型制造转型的重要性。服务的智能化既体现在企业如何高效、准确、及时地挖掘客户潜在需求并实时响应，也体现为产品交付后，企业怎样对产品实施线上、线下服务，并实现产品的全生命周期管理。

在服务智能化的推进过程中，有两股力量相向而行：一股力量是传统制造企业不断拓展服务业务，另一股力量则是互联网企业从消费互联网进入产业互联网，并实现人和设备、设备和设备、服务和服务、人和服务的广泛连接。这两股力量的胜利会师，将不断激发智能制造服务领域的技术创新、理念创新、业态创新和模式创新。

6.2　智能医疗

人工智能的快速发展，为医疗健康领域向更高的智能化方向发展提供了非常有利的技术条件。智能医疗通过打造健康档案区域医疗信息平台，利用最先进的物联网技术，实现患者与医务人员、医疗机构、医疗设备之间的互动，来逐步达到信息化。近几年，智能医疗在辅助诊疗、疾病预测、医疗影像辅助诊断、药物开发等方面发挥着重要作用。[①]

6.2.1　智能医疗设备

1. 智能血压计

智能血压计有蓝牙血压计、GPRS 血压计、WiFi 血压计等。蓝牙血压计在血压计中内置蓝牙模块，通过蓝牙将测量数据传送到手机，然后手机再上传到云端。GPRS 血压计通过内置模块，利用无所不在的公共移动通信网络，将数据直接上传到云端。不同的智能血压计适用于不同的人群。比如蓝牙和 USB 血压计，由于测量时必须使用手机，比较适合 40 岁以下的年轻人群使用；而 GPRS 和 WiFi 血压计适合所有人。其中 GPRS 血压计因为需要支付流量费用，不适合对费用敏感的人群。[②]

2. 理疗仪

理疗仪大部分属于远红外线、红外线、热疗、磁疗、高低频、音频脉冲以及机械按摩类别的治疗仪器。当腰、腿、颈椎、胳膊出现不舒适感觉时，人们会去做一些理疗，以缓解疾病疼痛。这些家用理疗仪可以方便地在家中使用，并可以辅助保健和治疗。

3. 智能假肢

智能假肢又叫神经义肢，属于生物电子装置，它是医生利用现代生物电子学技术为患者把人体神经系统与照相机、话筒、马达之类的装置连接起来，以嵌入和听从大脑指令的方式替代这类具有部分缺失或损毁躯体的人工装置。

4. 智能体脂秤

智能体脂秤可全面检测人体体重、脂肪、骨骼、肌肉等含量，智能分析身体的重要数据，可根据每个时段的身体状况和日常生活习惯提供个性化的饮食和健康指导。它采

---

① 李彦. 人工智能的发展与应用[J]. 中国新通信，2019（4）：114-115.
② 刘淑敏. 基于可学习性的智能设备设计研究[D]. 北京：北京理工大学，2015.

用了智能对象识别技术，多模式、大存储，可满足全家各年龄阶段的需求。

6.2.2 智能医疗应用

目前，人工智能技术在智能诊疗、智能影像识别、智能药物研发、智能健康管理等领域中均得到应用。

1. 人工智能辅助诊疗

IBM Watson 是目前最成熟的案例。2012 年，Watson 通过了美国职业医师资格考试，并在美国多家医院提供辅助诊疗服务，诊治的病种包括乳腺癌、肺癌、结肠癌、前列腺癌、膀胱癌、卵巢癌、子宫癌等多种癌症。Watson 可以在 17 s 内阅读 3 469 本医学专著、24.8 万篇论文、69 种治疗方案、61 540 次试验数据、10.6 万份临床报告。通过海量汲取医学知识，包括 300 多份医学期刊、200 多种教科书及近 1 000 万页文字，IBM Watson 在短时间内可以迅速成为拥有更强大脑的癌症专家。2017 年 2 月 4 日（世界癌症日），Watson 第一次在中国"出诊"，仅用 10 s 就开出了癌症处方。

广州市妇女儿童医疗中心对外宣布，其研发出一个能诊断眼病和肺炎两大类疾病的人工智能系统。这套 AI 系统在确诊是否患有肺炎时，准确性达到 92.8%，灵敏性达到 93.2%，特异性达到 90.1%，ROC[①]曲线下面积达到 96.8%；甚至在区分细菌性肺炎和病毒性肺炎的准确性达到 90.7%，灵敏性达到 88.6%，特异性达到 90.9%，ROC 曲线下面积达到 94%。同时，视网膜光学相干断层扫描（OCT）在糖尿病视网膜病变和黄斑变性的诊断上可以量化，从而能够指导治疗。该 AI 系统可以准确判断患者是哪种眼疾，哪些需要"紧急转诊"，哪些是"常规转诊"，从而帮助医生快速判断哪些患者属于重症患者需要及时治疗，以避免疾病对患者造成不可逆的伤害。该项技术能应用到包括初级保健、社区医疗、家庭医生、专科医院等，形成大范围的自动化分诊系统，为医生提供一种辅助诊断的方法，并可用于监测和维护人类健康，从而提高人类生活质量。

2. 人工智能医学影像

以宫颈癌玻片为例，一张片上至少 3 000 个细胞，医生阅读一张片子通常需要 5~6 min，但人工智能阅读后圈出重点视野，医生复核则只要 2~3 min。一般来讲，具有 40 年读片经验的医生累计阅数量不超过 150 万张，但人工智能不会受此限制，只要有足够的学习样本，人工智能都可以学习，因此在经验上人工智能超过病理医生。腾讯在 2017 年 8 月发布了其首款 AI+医疗产品"腾讯觅影"，可实现对食管癌、肺结节、糖尿病等多个病种的筛查，且保证高准确率，目前该产品已在全国超过 100 家三甲医院应用。

3. 人工智能药物挖掘

药物挖掘主要包括新药研发、老药新用、药物筛选、药物副作用预测、药物跟踪研

---

① ROC 曲线是一种用于表示分类模型性能的图形工具，（Receiver Operating Characteristic, ROC）。

究等内容。人工智能在挖掘方面的作用主要体现在分析药物的化学结构与药效的关系以及预测小分子药物晶型结构。

2015 年，Atomwise 公司基于现有的候选药物，利用 AI 技术，在不到一天的时间内对现有 7 000 多种药物进行了分析测试，成功地寻找出能控制埃博拉病毒的两种候选药物，并且成本不超过 1 000 美元，以往类似研究需要耗时数月甚至数年时间并且成本要上亿乃至数十亿美元。

4. 人工智能健康管理

人工智能健康管理是以预防和控制疾病发生与发展，降低医疗费用，提高生命质量为目的，与筛查健康及亚健康人群的生活方式相关的健康危险因素，通过健康信息采集、健康检测、健康评估、个性化监管方案、健康干预的手段持续加以改善的过程和方法。如爱尔兰创业公司 Nuritas 将人工智能与生物分子学相结合，进行肽的识别，根据每个人不同的身体健康状况，使用特定的肽激活健康抗菌分子，改变食物成分，消除食物副作用，从而帮助个人预防糖尿病等疾病的发生。

此外，由于具有追踪活动和心率功能的可穿戴医疗设备越来越便宜，消费者现在可自己检测自身的健康状况。人们越来越多地使用可穿戴设备意味着网络上可以获取大量日常健康数据。这些数据使大数据和人工智能预测分析师可在出现更多重大医疗疾病前持续检测并提醒用户。

6.2.3 智慧健康建设

随着人们生活水平的不断提升，城市市民对健康的要求越来越高，新兴技术手段在健康医疗领域的广泛应用，以及智能终端的普及，市民对健康信息的了解更加及时和全面。智慧健康建设也成为智慧城市建设的主要领域，向市民提供优质，智能的健康服务，也是城市医疗健康体系建设的重要方向。

1. 智慧健康概述

（国务院关于印发《新一代人工智能发展规划》的通知）提出："建设安全便捷的智能社会……推广应用人工智能治疗新模式新手段，建立快速精准的智能医疗体系。探索智慧医院建设，开发人机协同的手术机器人、智能诊疗助手，研发柔性可穿戴、生物兼容的生理监测系统，研发人机协同临床智能诊疗方案，实现智能影像识别、病理分型和智能多学科会诊。基于人工智能开展大规模基因组识别、蛋白组学、代谢组学等研究和新药研发，推进医药监管智能化。加强流行病智能监测和防控。"

在全世界范围内，专业的、高质量的医疗资源是稀缺的。在很多缺乏专科医生的相对贫困的地方，许多人对自己的疾病状况不了解；即使在相对发达的城市区域由于城市人口多、人口老龄化、慢性病发病率增高等原因导致病人数量庞大，而对应的专科医生供不应求，也使得大量病人不能及时转诊就医，从而错过就诊治疗的最佳时机。

随着社会经济的发展，国民对生活质量要求越来越高，对健康的关注度也越来越大，同时我国老龄化程度不断加深，医疗资源配置不合理、健康服务产业发展滞后等问题日益突出，逐步成为影响社会发展的重要社会问题之一。2012 年，医疗与大健康领域人工智能创新公司不到 50 家，但截至 2023 年初，已有医疗人工智能企业 14 万家，智能化的覆盖几乎存在于所有医疗企业。我国政府部门也高度重视医疗人工智能的发展。2017 年 2 月，国家卫生和计划生育委员会发布四份医疗领域应用人工智能的规范标准，从国家层面鼓励人工智能在辅助诊断和治疗技术等应用领域的发展，同时为人工智能医疗的规模化应用提供了基础保障。中国的阿里巴巴、腾讯等大型互联网企业也积极参与到医疗大脑的研究，致力于医疗大脑的深度学习技术、中国人基因信息收集分析、人工智能医学影像等研究中。人工智能技术的应用不仅提高了医疗机构和人员的工作效率，降低了医疗成本，而且使人们可以在日常生活中科学有效的检测预防、管理自身健康。

近年来，我国在智慧城市的建设与应用推广中始终重视医疗保健，通过向人民群众提供优质、高效智能的健康服务，加快推进智慧健康建设，成为我国医疗健康体系发展的重要选择。

2. 智慧健康应用的体现

智慧健康应用主要体现在智慧医院服务、智慧医疗区域服务及智慧家庭健康管理三个方面。

1）智慧医院服务

智慧医院是由医用智能化楼宇、数字化医疗设备和医院信息系统组成的三位一体的现代化医院运行体系。2016 年，上海申康医院发展中心启动建设医联工程大数据影像协同平台建设，以优化市级医院影像数据采集方法及提升影像调阅服务能力为目标，研发跨院系统通用的影像在线实时调阅控件，实现 38 家市级医院医生工作站无须额外安装调阅软件，医生使用浏览器即可便捷、高效、高质地实时调阅患者在其他三级医院的影像资料和报告。同时，改善医联影像的实时采集技术和在线云监控功能，对运行中的 38 家三级医院产生的影像业务数据数量与质量以及影像软硬件系统进行实时云监控，保障影像协同平台的安全运行。

2）智慧区域医疗服务

智慧区域医疗服务的目的是以用户为中心，实现公共卫生、医疗服务、疾病控制以及社区自助健康服务等内容整合。"十四五"期间，上海社区卫生服务进入全面深化改革阶段，以信息技术支持和居民电子健康档案为基础的现代社区卫生服务模式是社区卫生服务改革的必然趋势。基于家庭医生责任制的分级诊疗平台通过推动建立基于数据标准与信息化支撑的社区卫生服务新模式，以家庭医生制度构建为主线，发挥社区卫生服务平台功能，包括对各类资源的整合配置、科学利用与对居民健康的持续管理，提供面向居民的基本医疗、分级诊疗、健康管理等服务，基于居民电子健康档案，支撑家庭医生，以社区卫生服务中心为平台，成为居民健康、卫生资源与卫生费用"守门人"，促进资源有效利用、运行科学规范与健康持续提高。

3）智慧家庭健康管理

智慧健康服务模式下更强调大众的个人健康管理效能，智慧家庭健康服务的核心便是大众自我的健康管理。通过配备智能血压计、智能血糖仪、心率计步腕表等移动医疗设备使居民方便、快捷、实时掌握自己的健康状况。与此同时，相关数据可以自动上传到远程智慧医学网络中心的健康档案数据库，医生可根据这些数据，通过互联网对患者实现线上的诊疗咨询、慢病管理、健康指导等。家庭移动医疗新模式有助于医生全面掌握患者情况，进行更加精确的诊疗指导，同时也可以优化医疗资源配置，促进优质医疗资源下沉，实现院内院外、线上线下全程立体化疾病管理。

6.3   智能金融

我国金融与人工智能的融合已经取得了突破性进展。由于金融行业拥有丰富的大数据，并对风险管理要求更为精准，因此，金融与人工智能的融合具有天然优势；国务院发布的《新一代人工智能发展规划的通知》中提出要"创新智能金融产品和服务，发展金融新业态。鼓励金融行业应用智能客服、智能监控等技术和装备。建立金融风险智能预警与防控系统。"

我国已经形成了相对完整的金融服务产业链（表 6-1），但更多集中在产业下游。芯片和平台层面仍然依靠外企。

表 6-1 金融服务产业链及典型企业

分类	举例
应用	银行、保险、证券、基金、信托、信用评级、互联网金融
解决方案	京东金融、平安科技、小 i 机器人、百分点
模型和算法	腾讯云、商汤
平台和基础设施	谷歌、亚马逊、微软、IBM、TalkingData、腾讯云、百度云
核心芯片	英特尔、英伟达、谷歌、Cambrican、高通

同时，移动终端的普及、海量大数据的存储运用、云技术的不断成熟等因素都促进了金融智能化发展。我国金融业对人工智能技术的应用目前集中在风险管控、智能投资顾问、提升客户体验、市场预测四个方面。

风险管控借力人工智能，针对日趋严重的不良贷款问题，利用人工智能技术可严控信贷审批。在反欺诈任务中，运用知识图谱对信息的一致性进行验证，能够分辨、识别出异常交易行为并杜绝欺诈业务。智能投顾资产管理市场规模现已达到万亿级，包括以

B2B 为模式的资产管理市场和以 B2C 为模式的理财投资市场。中国资产管理市场规模已达到百万亿元的体量，因而对金融服务的效率和质量提出了更高的要求。目前典型的应用是通过人工智能技术，对多来源数据进行汇总、清洗、分析，为资产提出投资组合建议；同时，运用自然语言处理技术和知识图谱进行关联分析，强化风险预警系统。虽然当前理财投资市场也持续增长，但以服务 C 端消费者为目标的产品和服务相对不成熟，呈爆发式出现的智投公司正在寻求为这个市场解决投资理财的诉求，更有一些智投公司寻求通过服务 B 端用户最终服务 C 端消费者。大量企业运用计算机视觉技术提高身份验证效率，将前端设备捕捉到的人脸信息与后台云端数据息进行对比。此外，机器学习主要用于股票市场预测和风险预警。

目前，人工智能在金融领域的应用包括智能投顾、征信风控、金融搜索引擎、保险、身份验证和智能客服等。人工智能技术与金融行业相融合，通过基于大数据的人工智能技术驱动金融科技智能化升级。在前台，可以为用户提供更舒适、便利与安全的服务；在中台，可以为金融业务中的交易、授信与分析等提供决策辅助功能；在后台，可以提高金融系统对各类风险的识别、预警与防控能力。人工智能技术将助力金融服务更加人性化、智能化。

6.3.1　人工智能（AI）技术广泛应用于互联网金融行业

人工智能将加速互联网金融行业洗牌及普惠金融的广泛普及度。人工智能技术的渗入将加速互联网金融行业继续分化。互联网金融本身是个高门槛行业，如今想入局光有资金是远远不够的，还须具备大数据积累、技术创新等应对瞬息万变的环境。目前来看，历经多次洗牌的互联网金融领域仍然散发着动荡不安的气息，而在未来的市场上，在创新技术的驱动和竞争激烈的环境下，没有"一技之长"将难以存活。相反，那些在人工智能领域有了深入研究突破的企业蚂蚁金服，比如京东金融等会得到市场更多的拥护与信赖，从而更好地走下去。从整个行业发展角度来说，未来将有大量的岗位被机器取代，而金融行业作为需要投入大量人力、物力资源用于客户关系维护交流的行业，人工智能对人力的冲击不可小觑。同时，随着数据量和计算能力跳跃式的升级、从大数据到深度学习能力的爆发，未来人工智能也不会只停留在精确识别层面，而是可从巨量数据中提取价值，并有效地预测与洞察未来。人工智能虽然不是人的智能，但能像人那样思考，也可能超越人类的智能。作为互联网时代最受关注的创新科技，未来它给我们所能带来的能量不是现在可以估量和预测的，不管是对于金融行业还是任何其他行业而言，当下我们值得做的就是，不断探索与研究，让人类创造的这项高科技更好地服务于人类。

在金融领域应用中，人工智能主要包括 5 个关键技术：机器学习、生物识别、自然语言处理、语音技术以及知识图谱。这 5 种人工智能关键技术广泛应用于金融领域的各个业务环节，在提高效率、降低成本、防控风险、促进普惠金融方面发挥了重要作用。

（1）机器学习。机器学习具有多种衍生方法，包括监督学习、无监督学习、深度学习和强化学习等。在监督学习中，算法可以使用一些包含有标签的"训练"数据。比如，一个交易数据集可能包含一些在欺诈和非欺诈数据点进行标注的标签。算法就会"学会"分类的通用规则，并且可以用这些规则来对数据集中其余数据进行预测，并进行标注。无监督学习是指数据提供给算法时没有任何标注的情况。算法会被要求去识别数据中隐藏的规律。

（2）生物识别。目前，生物识别技术应用于客户身份验证、远程开户、无卡取款、刷脸支付、金库管理和网络借贷等金融场景。

（3）自然语言处理。自然语言处理在金融领域有着广泛的应用，多数金融行业的信息为文本形式，比如新闻公告、年报、研究报告。通过用自然语言处理和知识图谱，大大提升了获取数据、数据清洗、深度加工的效率。目前在智能投研领域中，自然语言处理技术可对海量复杂的企业信息进行处理，以提取出行业分析人员最关注的数据指标，并进行投资分析总结，最大限度减少不必要的重复人力劳动，帮助分析人员进行投资决策。在智能客服领域，利用自然语言处理技术可以让智能客服理解客户需求，通过与知识库对接为客户解决问题。

（4）语音技术。在金融领域应用中，语音识别通常与语音合成技术结合在一起，提供一个基于语音的自然流畅的人机交互方法。其应用遍布各大银行及证券公司的电话银行、信用卡中心、委托交易、自助缴费、充值等各项业务，以及语音导航、业务咨询、投诉申报、账户查询、政策咨询等非交易性业务中。由于金融行业带有明显的客户服务属性，加上完整而庞大的业务及数据积累，因此成为语音技术的重要应用阵地。

（5）知识图谱。知识图谱在金融智能化的过程中发挥了不可替代的作用，可以说知识图谱是智能金融发展的基础。金融行业的数据存在大量的实体和关系。知识图谱技术可以将其建立连接形成大规模的实体关系网络，可以突破传统的计算模式，从"实体-关系"的角度整合金融行业现有数据，结合外部数据，从而更有效地挖掘潜在客户、预警潜在风险，帮助金融行业各项业务提升效率、发挥价值。

6.3.2 人工智能在金融领域的主要应用场景

金融本质上的功能就是处理信息，而在这方面人工智能有着天然的优势，人工智能可以在短时间内处理海量信息，从海量信息中挖掘出有价值的内容，帮助金融机构作出决策。目前，在金融业务流程的各个环节，获客端、运营端、交易（投资）端以及监管端都涉及人工智能的应用，具体的应用场景则覆盖金融各个细分行业，如银行、保险、证券、信托，以及新兴金融领域如P2P、消费金融、股权众筹、商业保理等。

1. 面向金融客户端的应用场景

目前在金融机构前台业务领域，主要是在获取客户、服务客户环节，人工智能已经有很多的应用。在智能客服、智能营销、信用评估、智能支付、智能认证以及保险定价、承保、核保方面都已经应用了人工智能技术提高客户服务质量，优化客户服务流程，满足客户各类需求。

1）智能客服，服务更智能

随着互联网和移动互联网的发展，金融机构的客户越来越倾向于通过移动端和 PC端获取金融服务，这对传统的金融客服系统提出了挑战。同时，金融产品越来越复杂，用户要求越来越多样化、个性化和实时化，这些都需要传统的客服模式进行改变。

智能客服通过网上在线客服、智能手机应用、微信、微博、即时通信等渠道，以知识库为核心，基于海量业务咨询数据，使用自然语言处理并以文本或语音等方式进行交互，理解客户意图并通过智能搜索或虚拟助手为客户提供反馈服务。智能客服系统背后有多种人工智能技术支撑，涵盖自然语言处理、数据挖掘、语音识别、图像识别、机器学习等多个领域，是基于文本、语音和视觉统一建模的深入交互。目前，众多国内外知名金融机构都已经开发了自己的智能客服系统，英国苏格兰皇家银行、瑞典北欧斯安银行、西班牙桑坦德银行以及日本软件银行、三菱 UFJ 银行都推出了人工智能客服，我国的工商银行、招商银行、建设银行、浦发银行等也都推出了智能客服机器人，通过应用智能客服系统可以帮助金融机构大幅提升运营效率，降低服务成本。

智能客服并非简单地代替传统的人工客服，而是对传统金融机构内部接收信息、传递信息、分析信息、反馈信息整个链条的彻底颠覆。智能客服的背后是以自然语言处理、语音识别、数据挖掘、知识图谱等新技术为支撑的全面的金融业务体系。一般情况下，智能客服可以发挥以下几个作用：一是为金融机构客户提供基本的咨询服务，通过智能客服背后的知识库搜索客户提出的关键词，并找出相对应的答案；二是为金融机构客户提供业务办理服务，这就需要智能客服能够和金融机构相关业务形成紧密的配合；三是为金融机构积累客户反馈信息，为金融机构优化服务、创新金融产品提供决策依据。

（1）业务架构。智能客服的业务架构是一个人机交互的综合系统，包括智能问答、语音质检、语料挖掘、隐私保护四大部分内容；系统涵盖金融机构主要客服场景，用户可按需选用各场景服务。其业务架构如图 6-3 所示。

（2）业务功能。一个设计良好的智能客服体系可以用于银行等金融机构全渠道客户服务场景，帮助客户实现成本管理和客户体验提升，大幅降低人力成本与客户等待时间，并提升客户体验。

精准问答：如果机器人不够聪明，经常无法准确识别客户问题，客户体验差，事倍功半，而客服机器人使用先进的自然语言处理算法，深度语义理解，问答准确率高。

上下文理解，满足多轮对话：针对上下文语义无法关联、人机对话生硬、用户表达必须遵循机器人规则的场景，客服机器人可实现上下文语义分析，支持多轮问答，机器人问答流畅、自然度高。

智能追问辅助业务办理：针对无法主动引导用户完成在线信息收集及办理的业务痛点，客服机器人可实现智能追问业务信息，并进行实体抽取，对接业务核心系统从而完成业务办理。

任务与问答自由切换：针对机器人无法适应人类跳跃性思维，业务办理过程中不能穿插问答的情况，客服机器人可实现任务场景与问答自由切换，在业务办理过程中可随时进行问答，也可随时回到业务流程中。

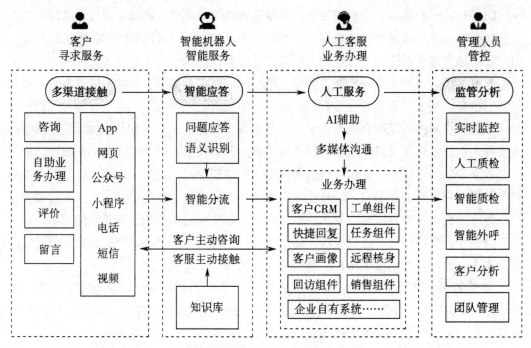

图 6-3 人机交互智能客服业务架构

深度自学习：机器人不具备学习能力，需要人工进行逐条知识维护，工作烦琐，易遗漏，知识库维护成本高。而客服机器人通过深度自学习，人工辅助确认，大大降低了人力成本。

中控机器人：同一服务入口承接多个业务线，每个业务线单独维护机器人，多个机器人间无法协同合作，而中控机器人可识别客户意向，将问答任务调配至相应业务领域的机器人。

（3）业务工作流程。智能客服通过网上在线客服、智能手机应用、即时通信等渠道，以知识库为核心，使用文本或语音等方式进行交互，理解客户的意愿并为客户提供反馈服务。对话由人工助理处理还是对话机器人处理主要取决于对话的复杂程度与客户档案信息。

除了纯人工对话与全自动对话机器人对话以外，人工客服与对话机器人还可以协同工作。对于某些对话，对话机器人可以在后台协助人工客服。其他一些情况则需要人工客服监控或审核由对话机器人生成的响应。

在图 6-4 中，客户向对话机器人咨询了抵押贷款相关信息。在这个案例中，由认知技术支持的对话机器人会在将对话转接给人工顾问之前，收集与客户的财产状况有关的必要数据。在与客户谈话时，人工顾问可以在没有了解客户背景信息的情况下，通过对话机器人的后台帮助，顺利与客户进行对话。对话结束后，控制权回到对话机器人手中，人工顾问继续监控对话内容，以确保客户在整个进程中获得满意体验。

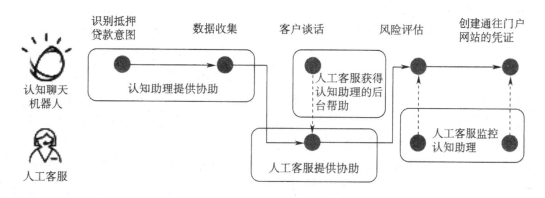

图 6-4　人工客服与智能客服协同引导客户业务咨询

（4）业务场景解读。

智能问答：智能问答的步骤包括用户通过人机对话界面进行语音输入；智能客服语音识别；通过智能语音实时识别；智能客服通过预处理、语义理解、问答检索、问句匹配等一系列计算程序输出答案，完成一轮人机对话。

智能坐席辅助：企业客服中，新人上岗、新业务上线、业务知识众多、业务掌握不熟练等原因，会造成人工坐席无法及时准确回复客户问题，从而引起客户等待甚至问题不能得到准确答复等不良体验。机器人客服可辅助人工坐席快速匹配客户问题，并给出统一、准确的答复，保证良好的客户体验。腾讯云的智能坐席辅助流程如图 6-5 所示。

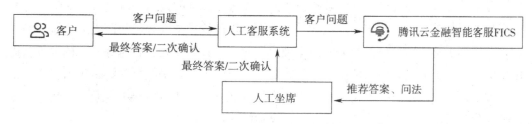

图 6-5　腾讯云的智能坐席辅助流程

2）智能保险，画像、定价更精准

人工智能技术可以帮助保险公司洞察客户特征和需求，提升保险产品风险定价能力，进行精准产品定价和风险控制。

保险定价合理与否取决于是否拥有充分的信息从而对保险产品风险进行准确定价。传统上保险产品定价缺乏充分信息，因而导致费率过高、费率过低或费率分类不公平等价格错误风险。但"一刀切"的定价模式又会导致用户价值流失。大数据、人工智能等技术的发展，数据与数据种类的大量增长带来了一个更可预测的风险管理环境，为保险企业改变评估风险方式提供了条件。保险公司可以结合投保人的生活习惯、年龄、投保经历等基础信息，在大数据的基础上结合人工智能技术，挖掘投保人的保险偏好，针对性地设计投放策略、组合方案，为每一位消费者量身定制保险产品并提供差异化定价。根据用户画像，快速了解多变的客户需求，可以让保险产品设计场景化、定制化、规模化、个性化。

例如，大数据及人工智能技术将深刻影响延续数百年的寿险精算定价，使之更精准，更适合不同个体在不同年龄段的具体情况。再如，目前的出境意外险产品在定价时也鲜有对出行目的地进行区分。在现实的场景中，客户造访不同国家所面临的风险各不相同。同为发达国家，去美国需要加大医疗意外险的保障，因为在美国医疗费用较高；而去欧洲一些医疗高福利国家，则可以加大财产损失的保障比例。大数据及人工智能借助持续跟踪客户出行情况，提供差异化的产品及定价策略。在互联网保险时代，在广泛的数据来源基础上，保险产品的设计和定价会充分考虑被保险人或投保标的物的个性风险数据，产品定价对于具体个体针对性更强，保险产品更加"千人千面"，开启保险产品"量身定制"新时代。

3）智能核保，核保流程更优化

在传统的保险业务过程中，我们需要先通过核保流程的审核才能投保，但传统的核保流程冗长、复杂而且非常烦琐，需要大量人力资源和时间，并且对投保客户有非常多的要求，所以已经很难应付日益增长的大量投保需求。新的数据来源、存储和分析平台以及大数据和人工智能的发展可以简化核保流程，降低风险管理的侵扰度，全面优化风险选择和保单定价。

新的另类数据来源可用于评估风险。目前，电子健康记录（EHR）、联网设备、可穿戴设备、社交媒体等都为保险公司提供可用于评估风险和定价的新型数据来源。此外，随着基因检测技术的发展，基因数据也成为保险公司重要的数据来源之一，保险公司通过客户基因数据，可以获知客户疾病的易感性、疾病特异基因等，从而更准确地预测风险。在拥有了这些新型另类数据源的基础上，应用大数据和人工智能等认知技术可以优化核保流程，扩大自动核保范围。有保险业内专家表示，未来的核保将是人工智能的天下，数字化、自动化、智能化将是未来核保的发展方向，智能核保将会通过不断分析数据和自我学习，自动化地给予对应客户最合适的承保条件。

在智能核保过程中，数据挖掘、机器学习以及自然语言处理等认知技术逐渐代替传统的分析方法，并对海量数据进行分析，发现已知和未知的风险因素。自然语言处理算法可以帮助核保人员更好地评估投保人，同时可以使用更先进的算法对非结构化数据进行分析并获得有价值的分析结果，帮助优化承保核保流程。目前国内外知名保险公司已经推出了智能核保系统，包括安联保险、瑞士再保险、新华保险、平安健康险、安邦人寿等。

4）智能理赔，客户体验更好

保险理赔是保险行业价值链上非常重要的一个环节，也是与客户直接互动的重要环节。传统的保险理赔模式以人工勘察、人工定损为主，主要依赖理赔人员的个人能力，并且理赔的流程较长，效率较低，同时最后的支付环节也比较烦琐。大数据和人工智能的不断发展使得保险公司可以收集、分析整个行业的理赔案件，开发分析模型，在发生保险事故时由消费者将事故现场情况以及标的物的损害情况上传到保险公司，由智能理赔系统给出定损建议，进而进行理赔评估。

在智能理赔应用中，人工智能的多种技术都可以得到应用，并且可以发挥重要作用。图像识别技术可以通过人脸识别、证件识别、虹膜识别、声纹识别等方式进行身份认证。同时图像识别技术还可以处理非结构化数据，如将笔迹、扫描/拍照单据转换成文字，对视频、现场照片进行分类处理等。自然语言处理技术可以对上传的图片展示出的文字或文本文件进行处理，比如 IBM 的 Watson 可以将医院提供的病例、诊疗记录进行扫描，再利用自然语言处理技术对这些信息进行提炼和处理。深度学习技术则可以对已有的数据进行挖掘，根据过往的理赔案例形成案例库，从而挖掘出动态的定损模型。对客户提出的报销修理费用或赔偿要求，深度学习参考系统给出的模型进行分析，并给出合理的建议。

目前，国内外各大知名保险公司均已经开始在理赔过程中应用人工智能技术，以提高理赔效率，降低理赔周期，加快保金支付流程，提升客户体验。

5）智能营销，匹配更精准

智能营销是指在可量化的数据基础上分析消费者个体的消费模式和特点，并以此来划分顾客群体，精准地找到目标客户。然后进行精准营销和个性化推荐的过程。智能营销基于大数据、机器学习计算框架等技术，能够做到千人千面，精准画像。精准营销，具有时效性强、精准性高、关联性大、性价比高、个性化强等特点。在移动互联网的发展大潮之下，用户行为已经发生了巨大变化，用户消费行为、消费发生的场景，以及金融业务模式，都在移动互联网的影响下日趋多元化。这对传统金融机构和新兴金融企业的金融产品营销带来了新的挑战。这也要求金融机构与时俱进，深刻了解用户的内在需求，以用户在多维社交场景下产生的数据为基础，洞察消费者细分需求。构建产品服务与目标受众之间最高效的连接。①

6）智能征信，数据更丰富

信用是现代金融社会的基石，一个没有信用记录的个人和企业在现代金融社会中将寸步难行，从银行贷款、消费金融，到租车、租房、住宿、借书等日常生活，信用不但影响个人在传统金融领域的金融活动，更开始逐渐影响社会生活的方方面面。②我国的征信体系起步比较晚，从 2006 年人民银行发布《中国人民银行信用评级管理指导意见》，对企业信用评级提出了具体要求，开始拉开我国征信体系建设的大幕。征信体系建设可以从企业和个人两个维度来看，目前我国企业的征信体系已经比较完善，但是个人征信体系比较薄弱，这直接影响了社会融资成本、房贷效率和行业的抗风险能力，制约了普惠金融的发展和经济运行效率的提升。

---

① 杜宁. 人工智能在金融领域的应用、趋势与挑战[J]. 人工智能，2018（5）：84-92.
② 张智富，李寅. 征信市场发展新趋势[J]. 中国金融，2016（24）：83-84.

随着我国互联网经济的发展和人们越来越依赖互联网从事消费、贷款、理财、购物、租房等活动，互联网积累了关于个人信用的海量数据，由此利用互联网、大数据以及人工智能等新兴技术来完善和补充我国征信体系的不足已经成为近年来我国征信体系建设的重点工作。目前，人工智能技术已经在征信领域得到了应用，人工智能除了能够帮助征信机构在对客户身份进行识别时提供新的更安全有效的服务方式外，还可以通过开发替代数据挖掘客户信用，促进信贷市场发展，从而在风险可控的前提下推动普惠金融落地，让每一个个体都能够享受互联网发展带来的成果。

2. 面向运营环节的应用场景

在金融机构的运营领域的业务中，人工智能技术的应用也越来越广泛。人工智能和机器学习可以提高资本利用效率，优化资本配置；人工智能和机器学习可以用于安防监控，有效监控员工行为，对员工异常行为进行预警，保证员工行为合法合规；人工智能和机器学习还可以用于模型验证和压力测试，保证大型系统重要性金融机构找出压力测试模型中的异常预测值；此外人工智能和机器学习还可以用于市场影响分析，帮助金融机构分析其大宗交易对市场价格可能带来的影响进行评估，金融机构从而可以选择最佳的交易时间，降低交易成本。

3. 在交易和投资管理中的应用场景

在交易和投资领域，金融机构积累了海量数据，纽约证券交易所每天产生的交易数据规模就达到 1 TB，所以人工智能和机器学习在交易和投资领域有很强的优势。目前，人工智能和机器学习可以利用社交媒体（如推特、微博和脸书）上的数据，对股票市场走势或个股走势进行预测；在量化交易中，人工智能和机器学习也可以发挥重要作用，辅助投资决策，提高量化交易效率，未来甚至可以做到自主学习、自主投资；在投资组合配置方面，人工智能和机器学习可以按照系统要求，根据市场变化和公司基本情况，合理配置投资组合，提高投资组合绩效；现在人工智能在投资领域最热的莫过于智能投顾，人工智能可以根据客户的个性化需求，做到千人千面，为客户提供定制化的投资顾问服务，冲击传统的投顾业务模式；现在，投研领域应用人工智能之后也越来越智能，利用自然语言处理技术读取公司财务报表，读取上市公司定期公告，辅助投资经理更好地进行投资决策。

4. 面向监管合规的应用场景

2008 年全球金融危机过后，全球范围内的金融监管愈加严格，监管文件层出不穷，为了应对不断升级的监管要求，金融机构开始加强在合规领域的投入，加快利用人工智能和机器学习技术强化监管合规能力。在 AML（反洗钱）/KYC（了解你的客户）方面，金融机构可以利用人工智能和机器学习更有效地发现金融犯罪活动，同时也可以更好地完成客户认证，简化客户登录流程，提升客户体验；在监控市场操纵方面，监管机构以及交易所组织可以利用人工智能和机器学习发现市场交易中的异常行为，打击市场操纵，维护市场运行；在欺诈识别方面，金融机构可以利用机器学习对多源数据进行深度挖掘，利用复杂网络关联分析技术从历史违约数据中发现实时欺诈业务风险指标，建立人工智能反欺诈模型，提升银行识别欺诈风险的能力；对于系统性风险，人工智能和机器学习也可以根据社交媒体数据、金融体系内部数据等多个来源数据建立相关预测模型，有效预测系统风险的发生，提前预警。

6.4　智能教育

在人工智能与智慧生活相结合的研究和应用方面，全球越来越多的科研机构和企业加大人力物力投入，希望能在这一领域创造出人们理想中的"心想事成"的智能系统或产品，极大地推动了人工智能在现代生活中应用与实践的发展。

21 世纪，智能信息技术的迅猛发展会引发社会的各种变革，从而加快人类科技进步的步伐。教育信息化、智能化是当今世界各国应对知识经济挑战、实现教育现代化的一个重要战略选择，也是衡量教育现代化水平的一个重要标志。[①]

对当前智慧教育的现状进行分析，阐述智慧教育的内涵，特征以及建设意义，围绕教育资源的整合与共享和教与学的模式创新两个方面展开智慧教育的应用建设，随着新兴技术的应用和个性化学习的需求，探讨未来智慧教育的发展趋势。

6.4.1　人工智能教育现状

在 2017 年未来教育大会上，教育部副部长杜占元表示：人工智能将对教育产生革命性影响，将为教育界与产业界更加广泛的跨界合作提供发展空间。中国将进一步推动人工智能在教与学、教育管理、教育服务过程中的融合应用，利用智能技术支撑人才培养模式的创新，支撑教学方法的改革，支撑教育治理能力的提升。杜占元的讲话传递出两个信号：一是信息时代的教育将从智能设备普及阶段向 AI 技术注入、个性化发展的阶段升级，二是要推动 AI 技术在教育领域的应用。

2017 年世界教育创新峰会上，德国贝塔斯曼基金会执行委员会委员约格·德莱格提出一个观点：基于人工智能的个性化学习的核心，是给老师省下时间去关注真正重要的东西，老师除了要"教知识"，更需要"教孩子"。可以看出，AI 技术在教育领域的应用，让老师和学生的定位发生根本性变化，基于学生的学习者主权时代已经到来。

上海社会科学院互联网研究中心首席研究员李易曾表示，目前 90% 的人工智能项目与产品都是"伪智能"，是在利用智能的概念欺骗公众和投资人。《人民日报》及中央人民广播电台经济之声《财经天下》栏目，都曾批判人工智能的伪创新，提出不要炒作人工智能"创新"。

---

① 于洪，刘群. 云计算在统筹城乡信息化教育中的应用初探[J]. 中国教育信息化，2010（18）：12-15.

1.伪创新者和实干家

人工智能领域存在着伪创新，智能教育同样存在着泡沫，比如以下两种现象。

1）宣扬人工智能全能论

有些创业公司确实拥有 AI 人才，并且获得资本青睐拿到了上亿的风投。但是创业公司为了炒作，公然宣称人工智能必然取代教师，人工智能打败新东方、学而思。这种极端式营销概念炒作多于实际效果，人工智能确实能减少教师烦琐重复的工作量，但是在学生道德培养、情感沟通等多个方面，当前人工智能根本无法代替教师。

2）搞政策投机

教育和互联网融合的背景存在一批伪创新者，他们甚至只是一些卖电脑桌椅的硬件厂商，或者是一些在内容教育上没能沉淀下来的教育机构，他们善于抓住政策风口搞投机，急于在风口上捞一笔。创客教育兴起，他们就拼凑创客课程卖给老用户；人工智能开始发展，他们又摇身一变成为人工智能教育专家，实际上，他们也许连人工智能和深度学习的概念都搞不清楚。

智能教育领域存在着泡沫现象，也不缺乏脚踏实地的实干家。这些实干家对智能教育怀着敬畏的心理，他们会花费大量的时间寻找合适的供应商、打磨产品、在学校试点再迭代产品。他们知道自己的业务边界，不用大而全的方案绑架有信息化诉求的学校。他们提出的解决方案不是忽悠投资者，而是实用有效的解决方案。

当前人工智能仍然处在起步阶段，智能教育也刚刚兴起，在发展的过程中，实干家和伪创新者鱼龙混杂，这是市场逐步走向成熟的必经阶段。而优质产品挤压泡沫的过程，正是智能教育真正兴起的过程。

2. 常态化是检验智能教育的实践标准

我国目前中小学互联网接入率达到 90%，多媒体教室的比例增加到 83%。多媒体教室是教育和互联网深度融合的初级触点，是提升教学活动的试点性开端，但无法真正满足日常教学中的实际需求，难以在教学中实现常态化应用。

实现智慧课堂需要两方面的努力：一方面是要结合教学场景需求设计产品，让智能教育产品在真实的教育场景中得到应用；另一方面要切实提升学习与教学管理。

2017 年 7 月，"第七届世界智能教育高峰论坛"在北京国家会议中心举办，众多来自教育及科技界的领军人物，就"互联网如何助力教育改革"这一话题进行了深度讨论和交流。大家纷纷对 OKAY 智能教育所从事的"AI+教育"模式和所取得的成果表示认可。主持人水均益表示，OKAY 智能教育所掀起的教育改革是对全人类的贡献。

OKAY 智能教育是国内在"AI+教育"领域起步较早、实践经验丰富的品牌之一，它集教育信息化解决方案设计、人工智能教育产品自主研发、技术支持与培训于一体，致力于为全国各地教育主管部门，全日制公办学校、课外辅导机构、广大教师、学生、家长提供教育信息化解决方案和产品。

自成立以来，OKAY 便开始对"AI+教育"深度融合进行探索和实践，OKAY 创始人贾云海还提出了"学习者主权"理念,倡导利用互联网、大数据及人工智能技术,实现把学习主权归还给学生,让学生变"被动"为"主动",让老师"变教为导"。经过一年多的研发和测试,"OKAY 智慧课堂"在学校实现了常态化的应用,并取得了令人瞩目的成果。短短几年的时间,ORAY 智慧课堂已经在全国千余所学校落地开花,惠及数万名教师和数十万名学生。OKAY 智能教育不是在多媒体教室中供演示和零星体验,而是已经融入学校日常教学管理体系中,真正为学习落地。

OKAY 智能教育之所以能做到常态化应用并获得认可,应该有以下两方面的原因:一是产品定位并非传统教育方式支撑,而是变革学习活动本身,学习活动从单向传输变为双向互动,教师从教内容到教学生;二是产品设计与学习场景紧密结合,才能让教师与学生更容易使用。课前教师基于学生数据进行智能备课,课上教师通过教学专用终端与学生实时互动,课后通过智能分析有针对性地布置作业。通过大数据分析和人工智能技术,满足全流程场景教学需求。

通过 OKAY 智能教育的成功案例我们可以看出,智能教育不是单纯通过营销就可以实现的,而是需要能被实实在在地常态化。在智能教育领域,实干家会日渐获得资本和教育工作者的青睐。

百年大计,教育为本,希望有更多的实干家加入智能教育大潮之中,让更多真正优秀的产品和解决方案在学习与教学活动中得到常态化应用。

6.4.2 智慧教育应用

随着网络化、智能化数字化的日益普及,教育也发生了重大的改变。传统的纸媒学习、填鸭式学习等,都被网络化学习、智能化学习、综合性学习等所取代。IBM 认为智慧教育的五大标准是:学生的技术沉浸;个性化、多元化的学习路径;服务型经济的知识技能;系统、文化和资源的全球整合;教育在 21 世纪经济中的关键作用。新型的学习方式追求自主性、多元性、创新性、综合性等特征,这些对于传统的填鸭式、单一式、封闭式、分散式教育,必然是一种挑战。这些变化将使教育向智慧化方向发展,它也是未来教育的发展趋势。智慧教育的真谛就是通过构建技术融合的学习环境,让教师能够运用高效的教学方法,让学习者能够获得适宜的个性化学习服务和美好的发展体验,使其由不能变为可能,由小能变为大能,从而培养具有良好的价值取向、较强的行动能力、较好的思维品质、较深的创造潜能的人才。[①]教育资源的整合与共享、教与学的互联网化成为智慧教育对传统教育创新变革两大重要领域。

1. 教育资源的整合与共享

教学资源是开展教育教学工作的物质基础,涵盖了各种海量的学校行政文件、教学资料、课件、学生作业等。在传统的教学环境中,并没有发挥出教学资源应有的作用,

---

① 谢瑜丹. 智慧教育时代高职英语教学的挑战及对策[J]. 才智, 2019 (36): 1.

师生没有充分享受有效的教育信息化成果。教师之间的教学资源交换几乎空白，没有实现教学资源共享、统一高效管理。针对教育信息化中的资源共享管理，目前各省市都在积极建设教育资源云服务平台，一站式解决文件存储共享、管理的难题，以实现教学资源整理、共享，科学高效地利用教学资源，助力教育教学工作的进一步提高。

"智慧教育云平台"基于云计算核心技术开发，采用面向服务的架构（SOA），由教学资源管理系统、教学资源调度系统、教学资源服务系统、教师备课系统、教学授课系统、教学信息管理系统、慕课系统、统计系统、评价系统组成，满足教师日常教学应用、教师提高进修、教师集体教研、学生专题活动。学习评价等应用要求，满足教育管理者教学管理、教学资源评价，满足教学资源运营的需要。

2. 教与学的模式创新

借助互联网等信息技术实现教学与学习的模式创新，不再局限于固定的时间、固定的地点，甚至固定的老师和学生，老师教的可能是来自全球任何一个想学的人，学生学的也可能来自全球任何一个人的知识。具体的教与学的创新模式有以下两种。

1）智慧教室

智能信息技术能极大地改变未来教育模式和人们的学习方式。这种教育系统是一种适应终身学习并建立在云服务构架下的、具有情感认知的个性化教学服务系统。如何构建一个低成本、易于管理、节能省电、绿色健康的网络教室，一直是教育信息化建设的重点。云计算技术能把分布在大量的分布式计算机上的内存、存储和计算能力集中起来成为一个虚拟的资源库，并通过网络为用户提供实用计算服务。[①]用户可以在客户端开启使用各种软件带来的大量计算负荷，而硬件维护工作则交给云服务提供商。学校师生也可以使用原有的旧计算机，或采用性能一般的低价笔记本电脑以及智能手机接入云服务，享受云计算提供的虚拟桌面带来的乐趣。[②]

智慧教室解决方案以智能录播系统、交互智能电子白板、实物视频展台、沉浸式教室解决方案为主体，配套多媒体中控、音频系统、推拉黑板等周边设备，实现统一管理的多媒体数字授课，为教育行业打造一个惊喜无限的数字化教学平台，从根本上克服单调、乏味的传统教学方式。多媒体教学是根据信息传播理论和教学过程的规律而设计、实施、评价教育过程的系统方法，它通过形声媒体、软件的运用和调控贯穿教学的全过程。

（1）电子书包，电子书包教学应用环境包括物理环境（无线网络、交互显示设备）、软件环境（课堂交互系统、教学服务平台）、数字资源（电子课本、教学资源、学科工具）建设。

（2）互动白板，交互式电子白板的教学平台（主要包括计算机、投影机、交互式电子白板），保留黑板的互动性及多媒体技术的丰富性，舍去黑板的单调性及电教的单向性，

① 于洪，刘群. 云计算在统筹城乡信息化教育中的应用初探[J]. 中国教育信息化，2010（18）：12-15.
② 赵慧勤，孙波，张春悦. 虚拟教师研究综述[J]. 微型机与应用，2010（5）：1-5，8.

从根本上解决了以往教学模式中存在的问题和不足，真正实现"教与学的互动"，实现高品质高效率的教学模式。

（3）交互智能平板，交互智能平板集大屏高清显示、投影仪、计算机、电子白板、电视和音响等功能于一身，只要连接电源就可直接在平板上进行触摸操作，相当于一个大尺寸的平板电脑。

（4）实物视频展示台，不仅能将胶片上的内容、投到屏幕上，而且可以将各种实物，甚至可活动的图像投到屏幕上，最终将图像展示出来，当然这些需要外部设备，比如电视机和投影机的配合。视频展示台的关键部件是电荷耦合设备（CCD）。

（5）视频会议系统，实现模拟大教室、召开工作会议、国际学术交流视频交互式远程教学、国际友好学校交流等在线功能。

（6）录播系统，通过录播系统进行全方位的录制，能够真实地记录各种会议的全过程，并作为历史资料永久保存下来，可以方便用户在会后进行在线资料查询和播放。未来，发展的趋势是集全自动录播、互动录播、云录播三功能为一体的全能型录播系统，可实时直播、在线点播、同步录制、远程互动、统一管控等、支持三分屏模式课件录制和电影模式课件录制，编码效率更高，清晰度更好，适用于精品公开课、互动教学、微格教室、远程教研、教学评估等场合。

（7）直播系统，随着 OTT（Over The Top）技术的逐渐成熟及机顶盒功能的逐渐强大，很多运营商都开始探讨以互动点播 OTT 为主的多屏互动平台，其核心价值是让教学过程可以随心所欲地使用多种屏幕进行顺畅的切换，主要的功能则是教室内的点播、甩屏、互动等，从而实现视频广播、信息发布、课程直播、透明校园、多屏互动的融合。

基于网络的在线学习给学习者提供了宽松、自由和开放的学习环境，学习者可以根据自己的需要选择学习内容、学习时间、学习地点、学习方式甚至指导教师。然而，这种时空分离的教与学导致了教学中教师和学生之间缺少互动，学生大部分时间处于一种无人监管的自由学习状态，容易产生孤独感，不易对学习保持长久热情，教学效果差。

2）在线教育平台

在线教育行业起源于美国，在英美等发达国家已经十分普及，美国现在约有 400 万名注册的在线教育学生，许多知名大学早已创建在线教育平台。与已有数年发展历程的在线教育相比，移动互联网教育和智能语音教育还是相对陌生的领域，移动互联网教育领域作为移动互联网领域的细分领域，同样暗含着巨大的发展潜力。智能语音技术、网络视频通信技术等新技术也不断涌入在线教育领域，进一步加快该行业的发展步伐。随着未来互联网渗透率的进一步提升和在线教育消费习惯的养成，中国内地在线教育市场规模有望加速扩大，在线教育市场发展将继续呈现井喷态势。在这一新趋势下，中国的智慧教育体系的发展也呈现了线上和线下齐头并进、融合发展的趋势。

3. 智慧教育发展趋势

1）个性化学习将满足不同人的需求

虽然每个人的大脑结构都是相同的，但每个人的思维方式却截然不同，有些人偏于理性，有些人则偏于感性。因此，每个人的学习兴趣不同，所产生的学习效果也不同。教育研究界有一个共识，那就是老师在教孩子知识之前，要先激发学生的灵感和兴趣。教育的目的也不是纯粹地讲知识或者将技能灌输给学习者，而是发掘学习者的自身兴趣，让其主动学习、主动思考，并在此基础上创新。这就意味着，每个学习者所学的知识和内容将是完全个性化的，是学习者自己主动选择的。在传统的教育模式下，几乎不能实现所有学习者的个性化学习，这也将是智慧教育未来发展的趋势之一。伴随人工智能技术的飞速发展，通过收集学习者的行为数据，产生关于学习者习惯和偏好的大量数据，借助大数据进行系统分析，自动调整学习者的下一步学习内容，推荐合适的作业练习，甚至改变教授知识的方法。机器不断地通过和学习者进行深度磨合，推荐匹配学习者个性的内容和方法，实现学习者个性化的学习。

2）精细化学习将实现完整的知识链

一方面，传统教育下，学习的过程比较粗糙，学生只能被动接受，学生对其中的一个知识点没有理解，也要被迫进入下一个知识点学习，这就导致其学习越来越困难，越来越不想学习。借助信息技术的应用，学生可以实现精细化学习，实现对某些知识点的深度学习，形成完整的知识链，构建自己的知识架构。另外一方面，当前的知识爆炸、信息充斥，时间被"碎片化"，人们也没有耐心进行深耕式学习，很多知识仅仅接触一下就跳过。但是，在培养孩子学习方法和习惯的义务教育阶段，精细化学习是必不可少的，这就对教学的模式提出了新的要求，在满足整体教学进程的同时，又能实现精细化学习。学生通过人工智能、大数据等新兴信息技术的应用，通过数据来观察和分析知识的掌握程度，有针对性地进行细化学习和训练，可以实现每个知识点的深度学习和掌握，打造完整的知识体系。

3）沉浸式学习将变革现有学习方式

研究表明，大多数知识和技能在实际场景中通过体验和实践来学习，比坐在教室里面学习理论的效果要好很多，"从做中学（Learning by Doing）"逐渐被社会认可。但是传统的教育方式中，很少能够做到这种教学学习方式，仅仅在一些科学实验和手工制作课上会有一点动手实践，在引入教学视频之后，一定程度上增加了体验效果。随着虚拟现实（VR）和增强现实（AR）技术的逐渐成熟，给教学和学习方式带来更多的想象空间。教学不再局限于课本、黑板和PPT，而是整个虚拟现实世界。通过简单易用的设备和软件，可以设计教学的浸入式场景，让学生在课堂上戴上 VR/AR 眼镜就可以获得身临其境的体验。通过这种以体验为主的沉浸式学习，知识不再是书本上枯燥的文字，而是实实在在的场景。学习者几乎可以动用所有的感官，通过自己的观察和体会来学习，不受老师的语言和 PPT 的限制，完全按照自己的节奏和方式学习知识。

6.5　智能驾驶

智能交通是解决人们智能出行问题的有效途径。所谓智能交通是智能信息技术面向交通运输的服务系统。智能交通涉及智能车辆控制、智能交通监控、智能车辆调度、智能出行规划、智能驾驶系统、智能汽车等。对于人们日常生活中的智能出行问题，其重点是智能出行规划和智能汽车。

智能交通体系也是智能旅游的一个重要组成部分。随着物联网技术的发展，目前由人工提供的服务，可以实现完全自动化操作。智能旅游还可以提供智能酒店的智能服务，帮助游客办好入住登记手续。

对于大众来说，眼下还有一个很有吸引力的话题，就是无人驾驶汽车，或者说自动驾驶汽车。从当今的人工智能发展来看，计算机打败棋手的能力是绰绰有余，但驾驶汽车对于计算机来说，还不是一件轻松的事情。因为打败棋手，是靠一种海量信息的存储技术与能够快速地、系统地处理符号化的数据的能力。驾驶汽车则不同，尽管在媒体中常常报道自动驾驶汽车的新闻，但也有无人驾驶汽车的车祸报道。而且，我们一定能看到，无人驾驶汽车行驶与司机的驾驶还是有一段距离的。这种距离就表现在二者的思维方式之不同。

例如，驾驶员开车似乎不需要特殊的技能，到驾驶学校学习也并不复杂。但是，无人驾驶汽车中的驾驶系统必须对收集的大量的高速切换的图像进行处理，并进行实时分析。当飘落到路面的树叶盖住了路面的白线或黄线，它应该如何行驶呢？在 100 m 处有一块或多块黑斑，它是窟窿还是水坑？目前还没有如此精确辨识的图像处理软件。

今天的自动驾驶系统则是另外一套方式。以谷歌的自动驾驶系统为例。它要借助 GPS 导航系统提供的精确定位信息来确定自身的具体位置。驾驶系统还有一种立体的地图，它存储了街道的形状、外观、交通标识，以及周围重要的地标（如建筑）。当然汽车还有雷达系统和一种光学测量系统，还有可对周围环境进行实时三维成像系统，以及安装在车轮上的传感器。

对于这样的系统，谷歌公司已经无故障地行驶了数万千米，这说明，谷歌的自动驾驶系统经受住了考验。但是，仍然不能上路，因为这种系统对于警察的手势还难以作出正确的反应，甚至莫名其妙地在一个建筑工地附近停下来。出于安全的考虑，这种无人驾驶汽车的速度还不能超过 40 km/h。特别是当出现突发情况时，比起人类的技术，无人驾驶的软件就差得更多了。

智能汽车就是在网络环境下用信息技术和智能控制技术来驾驶的汽车。它集环境感知、规划决策、多等级辅助驾驶等功能于一体，运用计算机、传感技术、信息融合、通信、人工智能和自动控制等技术，是一种高新技术综合体。这种汽车具备会"思考""判断""行走"的功能。智能汽车能自动识别周围的障碍物和车辆，并记录红绿灯状态。智能汽车已实现高智能化，极大地改善车辆人机系统的安全性。智能汽车包含以下几个系统。

（1）便携式 GPS 定位与导航。便携式卫星导航集成了全球：定位系统（GPS）、地理信息系统（GIS）和互联网技术。以电子地图为基础，通过 GPS 接收卫星信号，能够完成智能路径规划、全程语音提示、电子地图浏览、卫星定位导航等功能，实现全天候、大范围、多车辆的实时动态定位、调度、监控，改进车辆运行管理。特别是增强了突发事件的反应能力，提高车辆运行率和行车安全度。

（2）视觉子系统。视觉子系统是智能汽车的图像信号检测机构，由摄像头、图形卡等硬件设备与图像处理软件组成。它主要依靠安装在前保险杠、后保险杠及车身两侧的红外线摄像机，对汽车前、后、左、右的一定区域不停地进行扫描和监视，根据捕获图像和计算位置，实时采集和处理环境场景的信息，对物体大小、形状和动作进行分析，判断出障碍物运动的方向、姿态、速度和加速度等信息，并将信息数据提供给决策系统进行分析决策使用。

（3）雷达探测系统可实现对无人机、鸟类等低慢小目标的精确探测，显示并输出目标的距离、方位、俯仰、速度、高度、强度等多维信息，形成低空目标的三维运动态势，能够实时、准确地给出目标的轨迹信息。

（4）决策系统。该系统根据经验提取出策略，并存在知识库中。知识库还应有一个学习智能体，使之不断丰富策略。各种智能算法如神经网络、模糊算法、遗传算法等也可以应用到构造策略库以及策略选择过程中。系统根据采取的对策，决策汽车的任务和动作。

（5）通信系统。通信系统保证各模块之间以及车载体与控制中心之间的高质量通信。目前大多数采用无线数字通信。蓝牙技术为车载通信系统提供了很好的技术支持，它将取代目前多种电缆连接方式，以低成本的近距离无线连接为基础，通过嵌入式微电子芯片，使所有相关设备在有效范围内完成相互交换信息、传递数据的工作，使各种电子装置在无线状态下相互连接传递数据。

（6）控制系统。智能汽车控制系统车辆动力学稳定性与汽车的横摆运动密切相关。

6.6　智能安防

随着人们生活水平的提高，普通居民正在成为推动消费安防的重要力量，中小企业、商铺、家庭成为常规安防需求的中坚力量。消费升级不断催生民用市场对于安防智能产品新需求，并提供了新的增量市场空间。智能安防民用市场成为未来厂商争夺的方向，视频监控的民用化已经成为不可逆转的趋势。在民用监控市场，特别是小微企业业主已经纷纷开始安装监控设备，以此来保障生命和财产的安全。

6.6.1 智能安防的基本概念

公共安全是指危及人民生命财产、造成社会混乱的安全事件。个人安全与社会公共安全息息相关。公共安全关乎社会稳定与国家安全，社会平安是广大人民安居乐业的根本保证。近年来，国内外公共安全事件屡屡发生，恐怖活动日益猖獗，智能安防越来越受到政府与产业界的重视。物联网技术在智能安防中的应用实例小到我们身边小区的安防系统，大到一个国家或地区的安防系统。基于物联网的智能安防系统具有更大范围、更全面、更实时、更智慧的感知、传输与处理能力，目前已成为智能安防研究与开发的重点。

广义的公共安全包括两大类：一类是指自然属性或准自然属性的公共安全；另一类是指人为属性的公共安全。自然属性或准自然属性的公共安全问题不是有人蓄意制造的，而人为属性的公共安全问题是有人蓄意制造的。

我国政府将公共安全问题分为四类：自然灾害、事故灾害、突发公共卫生事件与突发社会事件。公共安全涉及的范围很广，我们在智能安防技术的讨论中主要研究针对社会属性，以维护社会公共安全，如城市公共安全防护、特定场所安全防护、生产安全防护、基础设施安全防护、金融安全防护、食品安全防护与城市突发事件应急处理的技术问题。

6.6.2 人工智能在安防行业的应用

AI 技术的快速发展，推动着安防领域向着一个更智能化、更人性化的方向前进。AI 技术在安防行业中的应用，主要体现在以下几个方面。

1. 在公安行业的应用

公安行业用户的迫切需求，是在海量的视频信息中发现犯罪嫌疑人的线索。在视频内容的特征提取、内容理解方面，人工智能有着天然的优势。前端摄像机内置人工智能芯片，可实时分析视频内容，并通过网络把相关信息传递到后端，存储在中心数据库中。汇总的海量城市级信息，再利用 AI 技术对嫌疑人的信息进行实时分析，给出最可能的线索建议，为案件的侦破争取宝贵的时间。以视频内容中的车辆特征为例，AI 技术可通过对车辆驾驶位前方的"小电风扇"这个特征进行车辆追踪，在海量的视频资源中锁定嫌疑车辆的通行轨迹。

2. 在交通行业的应用

在交通领域，利用人工智能技术，可实时分析城市交通流量，调整红绿灯间隔，缩短车辆等待时间，提升城市道路的通行效率。城市级的人工智能大脑，实时掌握着城市道路、停车场以及小区的车辆信息，能提前半个小时预测交通流量变化，合理调配资源疏导交通，实现大规模交通联动调度，提升城市的运行效率，为居民的出行畅通提供保障。

3. 在智能楼宇的应用

在智能楼宇领域，人工智能综合控制着建筑的安防。智能楼宇的人工智能核心，汇总整个楼宇的监控信息、刷卡记录。它还能区分工作人员在大楼中的行动轨迹，发现违规探访行为，确保核心区域的安全。

4. 在工厂园区的应用

机器人应用在工业上由来已久，但这些机器人几乎是固定在生产线上的操作性机器人。在全封闭无人工厂中，可移动巡线机器人将有着广泛的应用前景。在工厂园区场所，安防摄像机主要被部署在出入口和周界，无法涉及工厂园区内部位置的安全隐患死角，而可移动巡线机器人，定期巡逻，分析潜在的风险，保障全封闭无人工厂的安全运行。

5. 在民用安防的应用

在民用安防领域，用户极具个性化，利用人工智能强大的计算能力及服务能力，可以为每个用户提供差异化的服务。以家庭安防为例，当检测到家中无人时，家庭安防摄像机可自动进入布防模式，当发生异常情况时，它可以用声音警告可能对家中安全造成威胁者并远程通知家庭主人。当家庭成员回家后，安防摄像机可以自动撤防保护用户隐私。机器通过一定时间的学习，掌握家庭成员的作息规律，在主人休息时能自动启动布防，真正实现安防人性化。

6.6.3 智慧安防发展趋势展望

在加速智慧城市建设的大趋势下，城市安防也得到了快速的发展，利用 AI 技术来理解视频内容，安防领域成为人工智能技术最大应用场景之一。对于中国的安防行业来说，视频图像身份识别系统是最具有资源基础的"AI+安防"拓展方向。

生物识别技术在安防领域早就得到了应用，比如指纹识别技术。随着人工智能技术的发展，以人脸识别为核心的视频图像身份识别系统也获得了广泛的应用。在未来，视频图像身份识别系统有望得到进一步的拓展，优化消费者体验，推动相关产品在安防、金融等重点领域的应用。

随着高清化的深入，前端摄像头采集的海量级视频数据的传输和存储成了难题。解决此问题的办法，首先，是采用新的视频编码标准与技术，最大限度地压缩视频容量。其次，就是应用人工智能技术进行前端处理，只提取重要的信息来存储，用过滤的方法摒弃多余的信息。

视频图像智能识别系统在安防领域的重要应用之一，就在于它能够将由海量摄像头而产生的兆级视频图像内容，转化成能够清晰表达目标属性的结构化数据，然后再进行智能化分析，有效提高数据处理效率、进行数据深度挖掘。人工智能+安防，将变被动防御为主动预警。

在大数据、人工智能等技术的带动下，智能安防已经成为当前发展的主流趋势。计算机视觉已经广泛应用于飞机场、火车站等公共场合，在大规模视频监控系统中可实现实时抓拍人脸、属性识别、重点人员轨迹还原等功能，并作出及时有效的智能预警。

通过分析全产业链的结构可以发现，目前平安城市智能交通仍然是安防行业最大的下游应用领域。国家在安防领域持续投入并建设大规模的基础设施，主流智能安防企业的核心算法已经越来越成熟。因此，双方需求实现将有效结合，人工智能技术将快速在国家安防领域落地开花。

人工智能技术的发展将推动现有安防产品功能的完善，这有利于安防产品的大规模部署，未来安防体系将会得到进一步的提高。

以视频智能大数据为核心，可全面实现多源数据的感知和整合，微信数据、高德地图数据、政务数据、公安数据都可以和视频智能大数据进行碰撞，激发更多的实战应用，引起整个行业和社会的变革，这也是可预期的一种趋势。

安防行业向人工智能技术靠拢的趋势，已经成为行业发展的核心力量，厂商正在寻找并借助人工智能新技术重构用户体验和产品服务，实现自身的转型及创新。以云从、商汤为代表的人脸识别优秀厂商已经成为资本风向标。传统厂商与安防新贵已经开始直面相对，从理念的提出到产品落地的速度，以及对行业和市场的理解和预判，安防新贵的表现明显胜出一筹。

随着人工智能的不断演进，传统的安防厂商也意识到他们需要的不仅是供应商，而且是可以进行深度合作、改变行业格局的共同体。所以，应用人工智能技术构建一个生生不息的数据源，实现视频数据在跨行业领域的碰撞，再面向行业用户，这才是安防行业未来发展的趋势。

6.7　智能家居

智能家居是智慧城市中最小的一个组成部分，也是智慧城市建设在家庭层面的重要体现，随着消费者对自身生活水准和家庭智能化渴望的提升，借助智能设备、云计算和人工智能技术的智能家居和智能安防的需求量日渐增长，而智能家居能够考虑家庭的不同场景应用及各类潜在需求，达成从独立到协作的智能互联，为住户提供更为智能的各类居家用户服务，使其获得更为舒适、便利和安全的智能家庭生活体验。

6.7.1　智能家居的基本概念

智能家居又称"智能家庭"。与智能家居含义近似的术语有家庭自动化、数字家园、电子家庭，以及智能建筑、家庭网络等。家庭是人类重要的生活场所，智能家居将成为人们接入物联网的主要接口。

智能家居是以住宅为平台，综合应用计算机网络、无线通信、自动控制与音视频技术，集服务、管理于一体，将家庭供电与照明系统、音视频设备、网络家电、窗帘控制、空调控制、安防系统，以及电表、水表、煤气表自动抄送设施连接起来，通过触摸屏、无线遥控、电话、语音识别等方式实现远程操作或自动控制，提供家电控制、照明控制、窗帘控制、室内外遥控、防盗报警、环境监测、暖通控制等多种功能，实现与小区物业与社会管理联动，达到居住环境舒适、安全、环保、高效与方便的目的。智能家居可以成为智能小区的一部分，也可以独立安装。

6.7.2 智能家居的优势

1. 高效节能

各种家居设备（例如空调、洗衣机、电饭煲、热水器等家用电器，以及照明灯具等能源消耗设施）可以根据室温、光照等外部条件和用户需求，自动运行在最佳的节能状态。智能家居研究的一个重要方向是：接入网络的温度、光照控制系统能够帮助我们节约能源，降低能源开支，而不需要对房屋进行大规模改造。目前有一些公司正在研究对窗户、暖气阀门进行远程、智能联网控制，使房间的温度可以控制在一个更精准的水平上；自动关闭不使用的电器，在降低能耗、不影响使用的同时又增加了舒适度。

2. 使用方便，操控安全

用户可以利用手机、电话座机或互联网对各种家庭设施与电器的工作状态进行远程监控或操作。用户在对家庭智能控制平台或智能家电的发送控制命令时，要经过指纹或其他方法的身份认证，采用加密方法传送指令，以确保系统的安全性。

3. 提高家庭安全性

家庭安全防护系统可以自动发现和防范入室盗窃等非法入侵状态，可以自动监测意外事故，如火情、煤气泄漏或跑水等，在发生异常时报警，用户也可以远程通过手机查看室内情况，以及儿童、老人的生活状态。

4. 提升居家舒适度

智能家居研究的目的就是要通过对供热、照明、温度、门警、安全性、娱乐、通信的自动控制，在节约能源、降低成本、保证安全的前提下，从整体上提升居家的舒适性。

6.7.3 智能家居具体应用

随着云计算技术、网络通信技术及智能终端的发展，云技术与设备相结合的智能家庭模式正在向大众普及，其模式即使用一个位于互联网中基于云计算技术的专用功能服务平台，提供消费者所需的各种家庭生活服务功能，例如，媒体娱乐、家居系统和智能安防等（图6-6），同时在此服务平台设置更多用户所需的个性化服务，在智能手机大规模普及的背景下，利用智能终端通过注册的方式连接到该服务云上，进而实现智能家居管理的云端化。

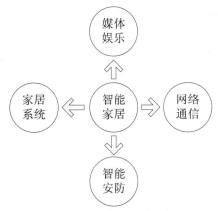

图 6-6　智能家庭组成示意图

以住宅小区为该功能服务平台的控制范围，通过对各居住用户集中控制与联网通信，智能家居可实现楼宇对讲和能源计量等功能；而以每个住户的家庭室内空间为控制范围的话，则不必与外部用户进行信息交互，就可实现对室内家居的家电、灯光和部分安防的控制等，安防方面即运用新一代信息技术，通过门磁开关、紧急求助、烟雾监测报警、燃气泄漏报警、碎玻璃探测报警、红外微波探测报警等方面的应用，有效保护住户，提高家庭居住安全度并及时作出预警。运用智能手机终端，智能家庭的住户还能对居住的场所进行更加高效和便捷的远程监测和控制，即使在外地也能随时查看家庭状况，实现掌上化管理控制。通过把本地家居测量的数据上传到服务云，还能够实现数据的高效管理。如在用户的电量管理上，不仅为单个用户进行电量的管理，而且云端数据产生的"聚集效应"能为分析大量用电负荷分布提供极具价值的参考数据。

在室内家居的家电、灯光和窗帘控制等方面，智能家庭系统设备能对餐厅、客厅、主卧的灯光进行智能控制。比如在玄关入口处设置人体探测器，实现控制人口灯光开关的自动感应功能；在客厅和餐厅墙面设置智能开关面板，控制这几处的灯具；在主卧床头设置智能开关面板，控制主卧灯；还能通过网关（IP 网关），利用手机等智能终端控制客厅、餐厅、主卧的灯具。同理，利用智能家庭系统设备实现对客厅和主卧窗帘的智能控制；通过 IP 网关，利用手机等智能终端控制客厅、主卧的窗帘开关。智能家庭系统设备还可通过系统配置使客厅、餐厅及卧室的照明灯光、电动窗帘等多种元素有机组合，满足符合不同使用需求的场景模式。比如居住者晚上回家时，无须动手，系统即可按回家场景需求，自动进入对应"回家场景"，自动开启灯光及相应设备；就餐时，餐厅灯光自动打开到最适宜的状态；居住者在家休闲时，整个市内的灯光自动调到符合居住者喜好的合适亮度，按照预先设置的自动控制，满足休闲空间的场景需求；而当居住者离家时，手指轻轻一按就可以启动离家模式场景，自动关闭窗帘及室内所有灯光。

此外，智能安防也是智能家庭的重要组成部分，尤其基于网络通信技术的智能家庭安防系统不仅能够对家庭异常人员入侵、煤气泄漏和火灾等情况进行实时监控，而且可以实现对多个重要的点进行监控和数据的采集，如有严重的警情，主控安防系统会立即实施报警功能利用电信宽带网络平台通知户主，不仅可以高速运行与处理各模块，而且性能更为稳定可靠，实用性更高。[①]同时，利用现有通信技术和网络互联技术，通过对探测信息和摄像机图像等多源信息的协同分析，完成对紧急异常事件的及时判断并执行联动响应，实现基于物联网技术的智能安防系统集成，在系统部署智能处理以及一体化控制方面具有较大的灵活性和良好的可扩展性，能够有效降低误报率并提高智能安防系统的集成化水平，使得智能家居的安防水平大大提升，更及时预警并帮助居住者进行相应防范和处理措施。

6.8　智能农业

我国农业正处于从传统农业向现代农业转型的重要阶段。我国面临着农业用地减少，土壤生产力下降，大量使用化肥导致农产品与地下水污染以及食品安全与生态环境恶化等现实性问题。为了解决这些问题，科技工作者开始研究生态农业、绿色农业、精细农业，提出了物联网智能农业与农业物联网的概念。

人们已经深刻地认识到：物联网在农业领域的应用是未来农业经济社会发展的重要方向，是推进社会信息化与农业现代化融合的重要切入点，也为培育农业新技术与服务产业的发展提供了巨大的商机。早期的精细农业理念定位于利用 GPS、GIS、卫星遥感技术，以及传感技术、无线通信和网络技术、计算机辅助决策支持技术，对农作物生产过程中气候、土壤进行从宏观到微观的实时监测，对农作物生长、发育状况、病虫害、水肥状况、环境状况进行定期信息获取，根据获取的信息进行分析、智能诊断与决策，制订田间实施计划，通过精细管理，实现科学、合理的投入，获得最佳的经济和环境效益。

随着物联网技术的发展，传统的精细农业理念被赋予了更深刻的内涵。改造传统农业、发展现代农业，迫切需要将物联网技术应用于大田种植、设施园艺、畜禽养殖、水产养殖、农产品物流、农副产品食品安全质量监控与溯源等领域，实现对农业生产过程中的土壤、环境、水资源的实时监测，对动植物生长过程的精细管理，对农副产品生产的全过程监控，对食品安全的可追溯管理，对大型农业机械作业服务的优化调度，以实现农业生产"高产、优质、高效、生态、安全"的发展要求。物联网技术的应用将为现代农业的发展创造前所未有的机遇。

---

① 郭广明,李力,罗健立.基于高速微控制器 C8051F330 单片机的智能安防系统设计与实现[J].电子测试,2016(10X):28-29.

6.8.1 人工智能在大田种植方面的应用

我国目前有 18 亿亩农田需要种植、保植，其中 61% 为丘陵山区（丘陵山区又是我国水稻、油菜等农作物的主产区），在丘陵山区进行农业生产采用普通的农业器具需要大量的劳动力，而随着城镇化加速与农村土地流转政策的推进，农业劳动人口减少与劳动力成本上升，我国需要大量的具有自主作业能力的无人机替代人工和普通的地面机械进行生产。为了加快人工智能在现代农业的应用，2014 年中央一号文件明确提出"加强农用航空建设"，2015 年中央一号文件强调强化农业科技创新的作用，要求在智能农业方面有所突破。国家"十四五"规划更是将智能农机装备列入十大重点发展的产业，立足农业机械化"全程全面、高质高效"目标要求，以感知、决策（控制）和执行三大功能为核心，开展主要农作物、特色作物、畜禽水立养殖装备及关键部件研发创制，支撑引领现代农业生产少人化和智能化。这些政策都使以人工智能为代表的高新技术在现代农业中发挥重要作用。

虽然我国的人工智能在大田种植的研究与应用方面起步较晚，但发展速度却很快，20 世纪 90 年代，江苏省农科院高亮之等研制的水稻计算机模拟优化决策系统、江西农业大学戚昌瀚等开发的水稻生长日历模拟模型的调控决策支持系统为我国的水稻生长管理提供了科学精确方案，也为我国水稻的高产与稳产提供技术支持。2000 年之后，南京农业大学曹卫星等利用先进作物建模理论与决策支持技术，开发了基于生长模型和知识模型的稻麦棉油花决策支持系统，实现了油菜作物的生长发育与产量预测、产前管理，为油菜的生产作出了重要的贡献。

20 世纪 90 年代，伴随着人工智能技术的蓬勃发展，人工智能在农业中的应用也进入快速发展期。这一阶段计算机视觉技术在农业中取得了较大进展，如在农产品分级方向，1995 年，周云山等将计算机视觉技术应用于蘑菇识别，使蘑菇生产从苗床管理到收获分类的全过程基本实现自动化，但离实际推广应用仍有一定距离。[①] 1997 年，德田胜等研制出一套运用机器视觉技术检测西瓜成熟度的机器视觉系统，用于控制采摘机器人适时自动采摘西瓜。农田机器人基于视觉导航对农田环境的图像形成清晰识别，进而确定自身的行走路线，而定时、定量和定位的视觉导航智能玉米施肥机器以及能够沿直线、S 线和弧线行走的视觉车辆导航器分别于 2001 年和 2004 年被研制出来。此后，GPS 导航系统的出现使得农田机器人提高了视觉定位和对作物的识别能力，农田机器人的应用就更加广泛了。

此外，互联网、物联网等技术与人工智能技术相融合，在农作物"四情"监测，农田水、肥、药精准施用，农用航空植保，农机管理与调度等方面实现了重大突破并得到应用。另外，与 AlphaGo 有着相似数量的 13 层神经网络的深度学习技术适合我国农业的发展现状，在水田地块划分、植物长势监测、病虫害预警和农作物产量预估中都起到

---

① 陈桂珍，龚声蓉.计算机视觉及模式识别技术在农业生产领域的应用[J].江苏农业科学，2015（8）：409-413.

了重要的作用，提高了卫星遥感在精准农业应用中的效率。例如新疆生产建设兵团试点的棉花大田生产物联网技术综合平台，综合了田间滴灌自动控制泵房能效自动监测、土壤墒情自动测报、田间气象环境监测、智能手机远程控制等功能，人均管理定额由 50 亩提高到 300 亩，节水节电 10% 以上、节药 40% 以上、增产 8% 以上，亩均增效约 210。①

6.8.2 人工智能在设施农业方面的应用

由于我国发展农业人均耕地资源有限、农业劳动力老龄化趋势加快。区域降水不均等不利因素，玻璃温室、植物工厂、微滴灌等设施及技术的使用，农业可实现计算机对温室生产的自动化控制和一定程度的智能控制，能够克服农业发展不利的生产条件约束，生产出经济效益好、附加值高的农产品，为农业提质增效，实现集约高效发展增添新动力，是发展有竞争力的现代农业的现实路径，更是我国农业发展的重要方向。

我国设施农业的发展起步较晚，发展经验与技术大多来自荷兰、日本和以色列等农业强国。进入 21 世纪后，我国的设施农业有了跨越式的发展，设施农业的发展规模不断扩大，智能温控系统不断完善。该系统采用物联网技术对温度、湿度、光照、二氧化碳浓度、水分、土壤等生产环境因素自动感知，对采集的环境数据进行预处理，利用人工智能的模糊控制、变结构模糊控制、人工神经网络等算法来设计控制器，结合园艺作物培育生长状况数据的测定分析，对温控、遮阳、灌溉等设备进行自动操控，有效控制作物各生长周期适宜的最佳的环境状态，大大降低劳动强度和成本，提升智能化管理水平和经济效益。同时，温室控制系统还能与农业专家系统结合，为种植业、养殖业用户提供技术咨询，帮助指导预防和控制作物病虫害与动物疫病。②

设施农业通过智能监控、数据采集、远程传输，智能分析和自动化控制实现农业生产过程全程监控与管理，成为目前我国设施生产与标准化管理的有效路径，已经在大都市近郊区得到广泛应用，其中水肥一体化与环境监测控制应用最为广泛。天津市大顺国际花卉股份有限公司利用温室环控系统，潮汐式灌溉系统、自动分级系统和自动运输包装系统，实现了花卉生产的自动化、智能化、规模化和标准化。30 万 km^2 温室内部的日常管理人员由 450 人减至 90 人，年节约人力成本在 1 000 万元以上。③

6.8.3 人工智能在水产养殖方面的应用

改革开放以来，在"以养为主"的发展方针指引下，水产养殖业发展取得巨大成就。2018 年的水产养殖总产量超过 5 000 万 t，占我国水产品总产量的比重达 78% 以上，是世界上唯一养殖水产品总量超过捕捞总量的主要渔业国家。④

---

① 赵春江，李瑾，冯献，等."互联网+"现代农业国内外应用现状与发展趋势[J].中国工程科学，2018（2）：50-56.
② 毛林，王坤，成维莉.人工智能技术在现代农业生产中的应用[J].农业网络信息，2018（5）：14-18.
③ 赵春江，李瑾，冯献，等."互联网+"现代农业国内外应用现状与发展趋势[J].中国工程科学，2018（2）：50-56.
④ 刘永好，杨文华，薛晓莉，等.高密度循环水养殖系统及运行效果分析[J].水产养殖，2020（4）：16-21.

我国研制水产养殖管理专家系统，将智能信息处理技术、先进传感技术、智能传输技术应用于水产养殖上，这些技术能够对养殖水质及环境信息智能感知，并且可以将感知到的信息安全可靠地传输出去，通过智能控制相关环境，能够实现水质和环境信息的实时在线监测、异常报警与水质预警、智能控制，以及健康养殖过程精细投喂、疾病实时预警与远程诊断。①

水产养殖管理专家系统是通过信息技术改变传统水产养殖业存在的养殖现场缺乏有效监控手段、水产养殖饵料和药品投喂不合理、水产养殖疾病频发等问题，促进水产养殖业生产方式转变，提高生产效率。上海奉贤区对虾水产养殖智能管理系统、无锡万亩水产养殖物联网智能控制管理系统、天津海发珍品实业发展有限公司基于物联网的海水工厂化养殖环境监测与控制系统等的应用，有效地提高了水产养殖业的经济效益和产品质量。②

6.8.4 人工智能在畜牧养殖方面的应用

畜牧养殖业是我国农业的重要组成部分，它的持续健康稳定发展，不仅关系到农民的增收致富，更关系到民生大计。近年来，为了扶持畜牧养殖业的发展，国家更是出台了一系列政策，鼓励广大农民规模养殖、科学养殖、安全养殖。目前，封闭式养殖是畜禽养殖的主要方式，养殖环境的温湿、光照度，硫化氢、二氧化碳、氨气含量都有一定严格要求。人工智能技术在实时监控养殖环境、数字化生产记录、智能化物流管理、质量溯源平台等得到广泛应用，使得增温、通风、水帘、灯光、饲料投喂设备实现智能控制，保证畜禽在科学健康的环境中生长，并可以通过手机、PDA、计算机等信息终端，实时掌握养殖棚舍环境信息，及时获取异常报警信息，并根据监测结果，远程控制相应设备，达到智能生产与科学管理。③例如，在养牛行业，人工智能通过农场的摄像装置获得牛脸以及身体状况的照片，进而通过深度学习对牛的情绪和健康状况进行分析，然后帮助农场主判断出哪些牛生病了，生了什么病，哪些牛没有吃饱，甚至哪些牛到了发情期。除了摄像装置对牛进行"牛"脸识别，还可以配合可穿戴的智能设备，结合牧场上的固定探测器共同收集数据，这会让农场主更好地管理农场。

再比如，阿里云与四川特驱集团，德康集团合作推行智能养猪，猪场内遍布与 ET农业大脑连接的摄像头，自动采集、分析猪的体形及运动数据，运动量不达标的猪会被赶到室外继续运动，以保证猪肉品质；此外，利用 ET 农业大脑、结合声学特征及红外线测温技术，可通过猪的咳嗽、叫声，体温等数据判断猪是否患病，及时预警疫情。安徽浩翔农牧有限公司应用养猪场生产管理系统、养殖环境监测系统、生猪疫情监控系统后，极大地改善了养殖环境，减少了养殖风险和资源消耗，经济效益显著提高；同样的

---

① 韩有地.无线电微波在设施农业领域中的基础应用[J]. 舟山：浙江海洋学院，2015.
② 赵春江，李瑾，冯献，等."互联网+"现代农业国内外应用现状与发展趋势[J]. 中国工程科学，2018（2）：50-56.
③ 黄雅萍，肖婉君.互联网+时代下的智慧养猪场发展前景与营销策略分析[J]. 吉林畜牧兽医，2020（3）：138-139.

饲养量，饲养人员可减少 2/3，人均日饲养量由 400 头提高至 1 200 头，批次成活率由 95.6%提高至 96.85%，生猪价格提升了 1/3。此外，企业还可通过对畜禽多元化数据的采集与分析，实现精准养殖。^①

6.8.5　人工智能在育种方面的应用

作物育种是农业生产的一个重要环节，能够提高农产品产量，增强抗病害性与使用环境的能力，促进稳产、高产，扩大作物栽培面积，大幅提高作物的产量经济效益。近几十年来，我国在作物育种方面进行了大量的研究，也取得了一定的成绩。

2004 年，周红等运用计算机视觉技术提取玉米种子的外形轮廓，为玉米种子的进一步分级识别提供依据。2008 年，万鹏等提出利用计算机视觉系统代替人眼识别整粒及碎大米粒形的方法，并设计了一套基于计算机视觉技术的大米粒形识别装置，该装置对完整米粒、碎米的识别准确率分别为 98.67%、92.09%。

2016 年 1 月，国家农业信息化工程技术研究中心发布了具有自主知识产权的"金种子育种云平台"，该平台将物联网等信息技术与商业化育种技术紧密结合，集成应用计算机、地理信息系统，人工智能等技术，以田间育种材料性状数据采集和处理分析为基础、数据统计和综合评判为核心，从亲本选配到品种选育进行信息化管理，实现大数据、物联网等现代信息技术与传统育种技术的融合创新。

目前，该平台已经成功应用于山东圣丰种业科技有限公司、湖南袁隆平农业高科技有限公司等大型育种企业，湖南岳阳农业科学研究所水稻国家区域试验站等农作物品种综合区试验站，以及天津市农业科学院、中农集团种业控股有限公司等科研单位和中小育种企业。人工智能技术在我国农业领域的广泛应用，把农业带入数字化、信息化和智能化的崭新时代。但人工智能在农业领域的应用研究尚任重道远，离我们追求的目标还有很大距离，核心技术有待重大突破，应用成本需要大幅度降低。以人工智能技术为核心的现代信息技术及智能装备技术在农业领域的应用，逐渐形成了现代农业发展的新业态——智能农业，这将是未来农业的一场深刻变革。^②

6.8.6　人工智能在农业其他方面的应用

1. 水资源利用

水是农业的命脉，农业也是我国用水大户。我国农业用水约占全国用水量的 73%，但是水利用效率低，水资源浪费严重。渠灌区水利用率只有 40%，井灌区水利用率也只有 60%。而一些发达国家水利用率可以达到 80%，每立方米水生产粮食可以达到 2 kg 以上，而以色列已经达到 2.32 kg。由此可以看出，我国农业节水问题是农业现代化需要

---

① 刘瑶，陈伯亨.浅谈人工智能在农业自动灌溉的应用[J].农家参谋，2020（4）：1.

② 陈桂珍，龚声蓉.计算机视觉及模式识别技术在农业生产领域的应用[J].江苏农业科学，2015（8）：409-413.

解决的一个重大任务。农业节水灌溉的研究具有重大的意义，而无线传感器网络可以在农业节水灌溉中发挥很大的作用。在农田中安装传感器，可以监控植物根部是否需要水分，并且可以根据湿度、温度与土壤养分来控制灌溉。这种方法一改传统的定时定点机械洒水模式，大幅降低了农业用水的消耗，同时有针对性地解决作物成长不同阶段的灌溉问题，实现农作物的精细化管理。无线传感器网络在大规模温室等农业设施中的应用已经取得了很好的进展。

2. 农产品流通

农产品流通是农业产业化的重要组成部分。农产品从产地采收或屠宰、捕捞后，需要经过加工、储藏、运输、批发与零售等流通环节。流通环节作为农产品从"农场到餐桌"的主要过程，不仅涉及农产品生产与流通成本，而且与农产品质量紧密相关。在产后，通过物联网把农产品与消费者连接起来，消费者就可以了解农产品从农田到餐桌的生产与供应过程，解决农产品质量安全溯源的难题，促进农产品电子商务的发展。

3. 食品安全

食品安全已经成为全社会关注的问题。我国是畜牧业大国，生猪生产与消费量几乎占世界总量的一半。近年来，食品安全问题，尤其是猪肉质量与安全问题突出，已经引起政府与消费者的高度重视，建立猪肉从养殖、屠宰、原料加工、收购储运、生产和零售的整个生命周期可追溯体系，是防范猪肉制品出现质量问题，保证消费者购买放心食品的有效措施，也是一项重要的惠民工程。在构建猪肉质量追溯系统中，物联网技术可以发挥重要的作用。我们可以通过设计一套畜牧养殖与肉类产品质量追溯系统，来深入了解物联网在农副产品食品安全中的应用。

6.9　习题

1. 填空题

（1）智能制造是_____。

（2）根据其知识来源，智能制造系统可分为两类，即_____、_____。

（3）智能制造系统的整体架构可分为五层，即_____、_____、_____、_____、_____。

（4）公共安全是_____。

（5）我国政府将公共安全问题分为四类：_____、_____、_____、_____。

（6）智能家居是_____。

2. 选择题

（1）常见的智能医疗设备有_____。

　　A. 智能血压计　　　　　　　　　　B. 理疗仪

　　　　　　C. 智能假肢　　　　　　　　　　D. 智能体脂秤

（2）智能家居的优势有＿＿＿＿＿＿。

　　　　　　A. 不够节能　　　　　　　　　　B. 使用复杂易出错

　　　　　　C. 提高家庭安全性　　　　　　　D. 提升居家舒适度

3. 简答题

（1）试列举一些常见的智能医疗的应用。

（2）阐述智慧健康应用的体现，并分析其对人类生活带来的影响。

（3）列举人工智能在金融领域的主要应用场景，并讨论其对人类生活带来的影响。

（4）分析智慧教育的应用，并探讨其未来发展有着怎样的趋势。

（5）分析人工智能在安防行业的应用，并探讨智慧安防未来发展的趋势。

（6）试列举一些常见的智能家居具体应用实例。

（7）阐述人工智能在农业不同方面的应用。

第 7 章 人工智能时代的创新创业教育

创新创业教育以培养具有创业基本素质与创新型个性的人才为核心目标，从而提升学生的创新意识与创新能力。创新创业教育的根本目的是让学生掌握创新活动所需要的基本知识，让他们能够辩证性地认识和看待创新创业之间的关系；让学生具备一定的创新创业能力，熟悉相关的流程，让他们朝着全面型人才的方向发展。

人工智能、"互联网+"、大数据等技术的迅猛发展，创新驱动国家战略的逐步实施，大力推动我国创新创业教育迅猛发展的同时，也带来人工智能及相关技术如何融入创新创业教育，创新创业教育的视角定位、创新型价值观建立，以及大学生的公共精神培养等问题。针对这些问题，提出人工智能技术下创新创业教育策略，智能化创新创业教育应具有面向未来视角，创新创业教育的新型价值观建立和夯实方法，以及如何培养大学生的公共精神等，可为人工智能时代培养符合国家发展战略要求、具有创新能力的创业者和人才提供指导。

【学习目标】
· 了解人工智能创业面临的风险和挑战。
· 了解人工智能视角下的创新创业教育。
· 了解人工智能背景下新的创新创业人才培养模式研究方案。
· 了解基于区块链技术的大学生创新创业研究。

提升学生在人工智能时代下的创新创业意识和能力，鼓励大学生开展创新创业。

7.1 人工智能创业面临的风险和挑战

人工智能发展带来了巨大的商业机会，创业公司蜂拥而至，都想在人工智能的浪潮中淘金。机遇向来都是和风险、挑战并存的，做创业公司，要想借助人工智能的东风获得发展的机会，就先要规避创业风险，迎接创业挑战。

7.1.1　人工智能创业面临的风险

1. 初创公司面临与巨头公司对抗的压力

创业公司开始人工智能创业的时候，一些科技巨头已经占据了人工智能的大部分市场。这些巨头公司拥有良好的人才储备和大量的数据，还有众多的渠道和流量。初创公司和大公司正面对抗，无异于螳臂当车。比如谷歌发布了神经机器翻译系统，并且将其投入汉语-英语翻译应用中，大幅提高了翻译的准确率，这使国内一些机器翻译的创业团队被无情碾压。

所以创业公司在进行战略布局时，要规避巨头公司的发展领域。在人工智能产业链中，大公司确定发展目标时，一般都会遵循两个规律：一是会在基础层战略部署。基础层是构建生态的基础，有着很高的价值。在基础计算能力、数据、通用算法、框架和技术方面布局，聚集大量开发者和用户，这几乎是兵家必争之地。如谷歌、亚马逊、微软都纷纷推出了自己的人工智能的基础设施 API 和开源框架，包括计算机视觉、语音、语言、知识图谱、搜索等几大类。二是通用型产品优先策略。对于通用型的产品，大公司会贯彻人工智能优先的策略来提升效率，改善用户体验。比如谷歌贯彻 AI First 的策略，改进智能助手（语音和 NLP）、谷歌翻译（机器翻译）、YouTube（推荐算法）、图片搜索（计算机视觉）等。

那么创业公司的机会在哪里呢？值得庆幸的是，巨头在人工智能的发展也有局限性，其很难在每个垂直领域都做得非常深。创业公司可以选择做垂直领域的先行者，积累用户和数据，结合技术和算法优势，成为垂直领域的颠覆者。不过即使是做垂直领域，初创公司也不能和传统公司起正面冲突，而应采用迂回包抄边缘突破的策略。创业公司也可以专注于细分场景应用，做窄品类的应用，提供解决方案，直戳行业痛点。

总的来说，创业公司应该从人工智能领域的边缘入手，在巨头不屑一顾的地方进行创新，不断扩大创新的边界，从而成长为一个价值中心。

2. 有些创业公司盲目地追求技术

产品落地的内部链条很长，除了技术和研发，很大一部分人可能是做产品、销售、渠道等。如果产品是硬件，还要考虑硬件的开发周期。如果是面向企业的解决方案，还需要考虑企业用户烦琐的个性需求。人工智能领域的确很适合科学家创业，然而，技术往往只是创业的条件之一。科学家创业往往面临一个问题，学术能力强的科学家，往往研究的都是最通用的问题。做一个通用的东西，未必能立马应用于工业实践，即使有用，这往往也是大公司要做的事情。拥有技术优势确实是一个好的起点，但是重要的是要把技术突破和产品落地结合起来，然后一步一步地发展壮大起来。

即使是在人工智能领域，很多时候技术也不是最重要的东西。因为大家的技术其实并没有显著差异，而且还有其他很多因素影响用户体验和购买选择。

3. 有些创业者弄不清谁会为产品买单

人工智能创业者，首先要思考产品是满足谁的需求这个问题。在人工智能领域，要么是 2B（面向企业），要么是 2C（面向消费者）。

2C 的主要优势表现在可以打造自主品牌，而且用户购买决策是在相对市场化的竞争环境中，一旦成功容易形成规模效应。2C 的劣势在于可能需要更长时间的积累，而且竞争更激烈。

2B 的主要优势在于相对容易变现，因为企业用户更容易收费。2B 劣势是某些领域采购决策市场化程度可能很低，需要拼企业资源或者政府资源。而且 2B 的切入点也非常重要，找不好切入点就很容易碰壁。目前，大多数垂直领域的应用都是 2B。人工智能领域创业者找到一个合适的行业，了解行业的需求，然后提供 2B 的服务，可能会比突击 2C 的机会要更大一些。

创业公司无论做 2B 还是 2C，都要考虑优势在哪里、劣势在哪里。如果优势是行业资源，就要考虑如何找到合适方向切入。如果劣势在数据，从哪里收集第一波数据，如何把数据优势滚动起来，都是需要关注的问题。

4. 一些创业团队结构不合理

人工智能初创公司不断出现的一个问题，就是不能把握好研发团队和产品工程团队的比例。很多人工智能初创公司，为了追求算法和技术上的领先而招募大批科研人才，工程人才且相当欠缺。拥有大量科研人才有利于做公关，也利于吸引风险投资，但这会造成过高的成本。而且高人扎堆，可能会给公司的管理带来很大问题，高手如果对产品意见不一致，他们谁也不服谁，可能会导致产品方向的偏差。

初创公司不是研究院，不以促进学术发展为目的，而是以产品为核心的商业机构。做 2C 的创业，需要创始团队要有产品思维，而这往往是科学家创业团队最缺乏的。做垂直领域的应用，创始团队就要有一定的行业资源，这些都需要寻找不同的合作伙伴。

5. 创业者很难准确把握发展的节奏

在互联网和移动互联网创业的时代，都有窗口期的概念，进入太早或太晚都很难得到很好的发展。在人工智能领域，准确地把握时机和节奏感也非常重要。

准确地判断时机特别关键，比如当语音发展已经可以商业化时应该作出什么决策，对视觉领域的技术发展的判断，对自动驾驶领域前景的判断，都要找准时机踏准节奏。准确地把握节奏感，除了正确判断人工智能技术的发展程度，还要对融资环境、市场发展情况、竞争对手的相关情况都要作出正确的判断。

7.1.2 人工智能创业面临的挑战

人工智能创业公司在把握人工智能带来的创业机遇的同时，还必须保持头脑清醒。在权威人士看来，2016 年到 2017 年，人工智能领域的创业和投资明显存在失衡、无序以及过热等问题，如何规避发展所带来的泡沫，是创业公司必须考虑的。

自动驾驶行业确实有巨大的发展空间，但是自动驾驶技术难度非常大，需要斥巨资和投入最顶尖的研发人才，创业公司要想在自动驾驶行业发展，难度可想而知。号称开发家用机器人的公司很多，如果向亚马逊 Echo 那样的智能家电方向发展还可行，如果要做语言交流、人形外观的机器人，那几乎一定会失败；因为长得像人的机器人，用户就会用人的标准去衡量它，最终会因为技术水平无法达到用户预期而走向失败。一大批创业公司，瞄上了基于人工智能的辅助医疗诊断领域，但要想在医疗行业得到发展，就要得到高效能的医疗大数据，其难度远超我们的想象。所以，在智能医疗领域，今后可以成功的初创公司，一定是那些既懂人工智能算法，又特别了解医疗行业，可以收集到高质量医疗数据的公司。

在李开复看来，人工智能将是移动互联网之后的下一次革命，而人工智能的体量甚至还将远超过移动互联网。他认为人工智能领域蕴藏着巨大商机，但目前人工智能产业发展也面临着挑战。

1. 科研与产业之间衔接不够紧密

除少数垂直领域，凭借多年积累的大数据和业务经验，已催生人工智能技术可以直接落地的应用场景外，大多数传统行业的业务需求与人工智能的前沿科技成果还存在着一定的距离。科学家和研究者所习惯的学术语境，与创业者所习惯的产品语境之间还无法快速衔接。

2. 人工智能专业人才供需矛盾显著

据领英（LinkedIn，全球最大的职业社交网站）统计，全球目前人工智能专业人才约 25 万名，其中美国约占 1/3。这样的人才储备量，远远无法满足人工智能在垂直领域及消费者市场的发展需求，人才供需矛盾特别显著。高端人才、中坚人才和基础人才间的数量比例也远远没有达到最优，人才结构方面也存在着一定的问题。

3. 数据孤岛化和碎片化问题明显

数据隐私、数据安全对人工智能技术建立跨行业、跨领域的大数据模型提出了政策、法规与监管方面的要求。从商业利益出发，各垂直领域的从业者也限制了数据的共享和流转。此外，在规范程度和流转效率上，许多传统行业还没有达到可充分发挥人工智能技术潜能的程度。

4. 创投界存在盲目投资的问题

目前，人工智能技术只能在一些特定的领域发挥最大效能。但创投界存在一些盲目追捧的现象，盲目创业和投资问题虽非主流，但依然可能会对整个行业的健康发展造成影响。

5. 创业难度相对较高

与互联网时代、移动互联网时代的创业相比，人工智能创业团队面临诸多新的挑战，需要更多的支持。比如创业团队对高级人才比较依赖，科学家创业者的商业实践经验比较少，高质量大数据较难获得，等等。

7.2　人工智能视角下的创新创业教育

创新作为引领发展的第一动力，是建设现代化经济体系的战略支撑。近年来，各国相继制定各种政策来支持创新创业人才的培养。我国相继制定并实施了创新驱动发展战略、"互联网+"、"一带一路"以及"新工科"建设战略，要求高等教育机构革新传统高等教育理念、目标、内容和模式，积极迎接建设创新型国家对工程技术人才的挑战，深化教育体制改革，倡导创新文化，培养具有创新精神、态度、技能和知识的青年科技人才和新工科人才。培养和激化创业精神，培养和造就创新型工程技术大军，为建设以"四新"为标志的我国经济新态势提供强大智力支撑，夯实实现中华民族伟大复兴，赢得国际竞争主动权，走向社会主义现代化强国的人才战略资源基础。

与此同时，作为近年来发展最迅猛、影响最广泛的人工智能技术也在深刻地改变现代高等教育的形式和内涵，日益引起各国的重视，纷纷把发展人工智能技术与创新创业教育结合起来。

7.2.1　人工智能时代大学生创新创业教育现状

大学生作为走在时代前端的群体，他们的创新创业能力对各行各业未来发展走向具有非常明显的影响力。我国正处于人工智能时代，可以说人工智能技术正在不断地渗透到我们生活、学习及工作的各个环节，在未来一段时间内，人工智能技术的影响力将会更加明显，对人类的推动作用也会越来越明显。"大众创业、万众创新"是党对广大人民群众在人工智能时代提出的新要求，更是对广大大学生群体予以的新期望。我国大学生创新创业教育已经走到了非常关键的一步，在承认其前期工作成果明显的基础上，也应该指出人工智能时代大学生创新创业教育工作的不足，为优化、完善大学生创新创业教育工作奠定基础。

1. 创新创业教育的宣传力度不足

当前，国内高等院校开展大学生创新创业教育的主体主要是大一、大二的学生，而大三、大四学生由于面临考研、就业等问题，他们往往没有太多的时间投入创新创业教育活动中。然而，虽然大一、大二学生作为高校发展的新鲜血液具有其特有的优势，但是他们刚刚步入大学校园，对很多新鲜事物都缺乏了解，所以很多时候都不能果断作出选择。大学生创新创业教育对于提高大学生的创新创业能力和未来发展竞争力具有重要意义。但是，俗话说"强扭的瓜不甜"，如果大学生对创新创业教育缺乏兴趣，那么即使学校强迫学生去参与大学生创新创业教育活动，最终的创新创业教育效果将很难得到保证。因此，这就要求学校及所有的教职员工，包括学生辅导员、班主任都应该积极主动地对大学生创新创业教育进行宣传，提高学生对创新创业教育的认识和见解，这样他们才能真正地感受到创新创业教育存在的价值和意义。

2. 创新创业教育形式老套

大学生创新创业教育作为高等教育的重要组成部分，不仅是提高学生未来发展竞争力的关键，而且是进一步深化、完善高等教育教学结构的强有力保证。在人工智能时代背景下，高校教育工作者更应该为创新创业教育精准定位，在承认其存在价值的基础上不断推动创新创业教育朝着现代化智能化的方向发展，让更多的大学生感受到创新创业教育的魅力。当前国内高校大学生创新创业教育形式比较单一、老套，学生缺乏学习的兴趣。在提高学生创新创业能力的过程中，教师只能起到引导性的作用，真正能够决定学生是否可以在创新创业教育活动中学习实用性知识的主体是学生自己。但是，这种非常老套的大学生创新创业教育形式明显已经不符合人工智能时代下大学生的实际需求。因此，要想提高大学生创新创业教育的实效性和有效性，我们必须要打破传统的教育模式，增加创新创业教育活动的趣味性、多样性。

3. 创新创业教育投资力度有待提升

在很多教师及学生眼中，与专业课程教育相比，创新创业教育只是起到"点缀性"的作用，也就是说创新创业能力并不能对学生未来发展起到决定性的作用，只能算是他们的"加分项"。但实际上，我国的就业形势已经发生了很大的变化。各行各业对于人才的各项能力要求也越来越高，其中创新能力基本上居于榜首。创新是一个企业发展的内在推动力，没有创新的企业只能"啃老本"，最终也难以摆脱被历史淘汰的悲惨命运。所以，从这里我们就可以看出创新能力对于学生个人发展以及企业未来发展的重要性和存在价值。这就要求国内高校既要认识到大学生创新创业教育的重要性和必要性，又要将更多的教育资源投入创新创业教育活动。然而，部分学校领导并没有认识到创新创业教育的价值，并没有为大学生创新创业教育工作提供足够的教育资源，基本上创新创业教育工作只能维持现状，这在很大程度上制约了创新创业教育的发展。

7.2.2 人工智能视角下大学生创新创业教育策略

1. 智能化创新教育应具有未来视角

教育是国家人才发展战略实施的最直接的推动力之一，某种程度上也是国家发展的晴雨表。传统教育模式从总体上看容易产生短期成效，也易为社会所接受；从个体上分析，也是因为人们在这种传统教育模式中能较为容易地获得当下所需的知识和技能。但是这种教育模式迎合与解决的是被教育者短期发展的需要，与国家创新驱动发展战略契合度较低。而创新性教育是要帮助学生挖掘和解决所处时代与社会的长期发展问题，甚至是人类共同困惑的一些终极命题，既能满足学生短期的就业所需的知识、技能需求，又要解决学生的人生进步发展问题。

教育与国运紧密相连，教育方向是社会发展方向的风向标，是国家发展时间长河中的航标灯，因此，国家教育的时间指向坐标就显得尤为重要。

中国人无论历史还是现代，都有着足够的资质和素材让国家教育率先穿越时间和空间，保持国家面向未来、勇往直前奔跑的姿态。所以，更深一层思考的问题应该是创新型教育视角如何更多地朝向未来，深刻地关切与挖掘未来。

2. 创新创业教育应具有创新型价值观

当下，在国家创新驱动发展战略推动下，我国创新创业教育蓬勃发展，"互联网+"创新创业大赛、物联网创新创业大赛、职业技能大赛、电子设计大赛等各种相关创新创业服务和推广平台发展迅猛，不断提高我国创新创业教育的发展层次与水平，已经成为推动我国从制造大国向创造强国转变的重要推动力，对提升国家科技、经济和文化竞争力具有积极意义。

然而，当下面向创新的新型教育模式、方法、平台、实体在创新教育业务迅速扩张，影响力迅速提高，对国家发展贡献度迅猛增长的过程中，不时面临各种风险的考验和来自各方的社会压力。或明或暗的问题，往往通过重大危机的突然发生而暴露。

纵观任何一种主流创新创业教育方法、服务和模式，必然受到数以千万学生或者服务对象的追捧。有时候，快速成长的创新创业教育服务业务规模会让教育机构或者从业者多少存在过度乐观的感觉，而危机的发生正在提醒他们：学生规模越大，意味着教育机构和从业者的责任就越重；教育服务带来的收入利润越高，意味着运行规范就要越强；教育模式影响越大，意味着监管压力会不断增加。

概言之，一个好的创新创业教育新模式要真正为社会所接受，需要有行稳致远、向上向善的价值观，同时要把对这种价值观的坚守作为自我修炼的过程，伴随该新型模式的成长加以有效贯彻、不断完善、持续夯实。

（1）创新型教育价值观追求，来自创新创业教育持续发展的要求。

教育的发展往往依靠社会驱动、教育技术创新和创新教育资源的广泛积累创新创业，对教育技术变革和应用趋势的敏锐把握，往往是创新创业教育成功的秘诀。然而，技术一旦缺乏人文价值引领，则必然陷入立场游移和精神空虚。只有建立更高的创新创业教育价值观，创新创业教育服务的价值导向、创新创业教育服务设计和教育创新发展才会保持稳健，创新创业教育的教学服务才不会受到日益扩大的社会需求诟病和质疑，创新创业教育的发展才不会面临突如其来的危机威胁和挑战。否则，危机发生后即便教育机构作出重大调整，依然会给社会带来较长时期的不良影响。

（2）创新创业教育价值观的夯实，来自教育服务不断提升的需要。

　　诚然，学生的背景状况、兴趣和性格特征存在巨大差异，然而一个具有创新精神的优秀教师是通过纯粹刺激学生的直接学习需求来获取教学效果的改善，还是适度引导学生的潜在、内在发展需求来提升教学服务品质，是有所不同的。学生的学习需求既需要满足，也需要引领。从长远看，未来创新创业教育服务只有实现技术性吸引和价值性驱动的双重目标，才能有效平衡创新创业教育的经济效益和社会效益，真正赢得学生喜爱和追捧基础上的信赖和赞赏，才能真正为创新驱动发展的国家战略提供强大的智力支持。

　　（3）创新创业教育价值观的坚守，来自社会进步的文化动力。

　　我国正在实现从中国制造向中国创造转变的重要攻坚阶段，正在逐步走近世界舞台的中央，文化自觉和自信是助力中国梦实现的重要动力，而创新创业教育已经成为大众文化生成和形塑的重要力量，成为主流文化以及主流价值观传播的核心阵地。创新创业教育的价值观是中华主流文化能否积极、健康、向上发展的基础。创新创业教育不再只是传授知识和培训技能的基础形式，而是社会向前发展运行的基础智力保障和社会进步的动力源泉之一。

　　通常，创新创业教育的战略管理和危机沟通需要有三个圈层的支撑：最外层是应对危机和风险沟通的战略策略，中间层是与学生长期信任关系的建立和维系，核心层则是真善美的创新创业教育价值观。只有真正建立并实践真善美的创新创业教育价值观，创新创业教育工作才能不断完善。

3. 创新创业教育应重视学生公共精神的培养

　　当前，融合了人工智能、"互联网＋"等技术的创新创业教育项目和课程已开始逐步融入大学教育教学，这将为培养具有创新精神、创业素养且富有全球视野、未来视角的新型科技人才提供有力保障。智能化创新创业教育强调学生在教育教学中的中心地位，拉近了广大教师与学生之间的关系。在此背景下，大学生、学校、企业社会之间的联系越来越密切，大学生活动的空间将急剧拓展。同时，作为国之娇子、家庭希望的大学生承载着实现"两个一百年"和中华民族伟大复兴中国梦的重任，他们爱国、爱家、爱集体、关注社会的社会公德意识和社会责任意识的树立与培养具有重大意义。

　　我国正处在决胜全面建成小康社会，开启全面建设社会主义现代化国家新征程的关键阶段，要实现党的十九大提出的四个伟大工程，需要千千万万具有公共精神和人文情怀的新型创新创业人才。作为社会主义现代化建设者和接班人，大学生公共精神的培育是建设社会主义和谐社会，构建人类命运共同体的本质需求。创新创业教育既要为大学生就业和发展培养专业技术和能力，又要着力培养大学生与建设社会主义现代化强国、实现中华民族伟大复兴中国梦、构建人类命运共同体相适应的社会公共精神。创新创业教育中注重学生公共精神的培养，可以从以下三方面着手。

　　（1）充分重视学校在理顺社会与学生关系中的基础作用。

　　在创新创业教育体系中，学校是培育学生公共精神的重要载体。学校并非一个抽象的存在，它与学生的日常学习生活有着密切联系。笔者在调研中发现，凡是运转良好，仍在实施创新创业教育功能调整的学校，其学生的公共精神保留得就好。原因是学生可以在学校内部算"平衡账"，学生的相对平衡权利义务关系因可见、可期、可约束而可行。

（2）激活以学生为中心的教育工作方法。

客观而言，高校传统的教师、学生共同体正在走向解体，传统学校规范很难再约束越轨者。而依靠行政和法律压服，不仅成本高，且难以持续。唯有通过以学生为中心工作中的说服方法，做通学生的思想工作，使之真正成为理解国家精神和公共主义的政治主体。

（3）正确推动基层教育组织治理法治化。

某种意义上，在创新创业教育管理工作中，高校内部组织管理的法治化比政府治理法治化更为重要，也更加任重道远。在法治社会中，学生的正当权益应该受到保护，但"无公德的个人"现象也需得到有效规制。

7.3　人工智能背景下新的创新创业人才培养模式研究方案

人工智能是经济发展的新引擎，是社会进步的加速器，逐渐成为全球战略必争的科技制高点。在人工智能背景下传统的创新创业人才培养模式已经不能紧跟新时代人工智能发展的脚步，不能满足国家发展智能社会建设和个体发展的需要。在创新创业的背景下，人工智能的优势得以高效应用，在此过程中，人们的思维模式也会随着社会环境的改变而改变，进而衍生更多技术及方法。为此，高校教师在培养商科人才的过程中，需要结合当下学生的实际发展情况，让人工智能的优势得到最大限度的发挥，进而提升我国高校教育的整体质量。

7.3.1　人工智能背景下高职院校人才培养模式现状

高职院校作为培养创新创业的新型大国工匠人才的主阵地，在新的形势下，以人工智能等新时代的特征为背景，打造符合国家发展、智能社会建设、产业升级、经济转型和个体发展的新型创新创业人才培养模式成为亟待研究和解决的问题。传统的人才培养模式的构建过程仍然存在诸多问题，主要表现在以下几个方面。

（1）在人工智能背景下，高校缺乏合理的、与时俱进的、新颖的、创新创业配套的人才培养方案。目前，部分高职院校的人才培养方案的制定仍然以传统的专业类别为导向，常常忽视国家、社会和市场需求，更忽略了人工智能对整个社会变革的影响。

（2）在人工智能背景下，高校教学方法仍保持传统的教授式教学。高职院校的教学方式仍然采用传统的教授式、填鸭式教学方法，缺少以学生为主体，教师为主导的行动导向教学法，不注重社会能力和方法能力的培养。

（3）在人工智能背景下，课程资源的理论性强，实践内容偏少。参考书目成为目前课程资源的主要组成内容，课程资源比较单一，缺乏实践实操性参考资料，缺少引导学生学中做、做中学所依赖的平台。

（4）在人工智能背景下，学生考核评价体系相对单一和滞后。目前，高职院校评价学生的手段大多采用以期末考试为主要考核方法的成果导向法、缺少过程性考核方案；另外，考核主要以专业知识考核为主，没有考虑心理考核、分析和解决问题等能力的考核。

7.3.2 人工智能背景下人才培养模式

1. 充分结合本校基础资源提升教学质量

在人才培养的过程中，不仅对高校以及企业提出较高的标准，对教师也同样提出了严格的要求，教师需要将以往的教学模式打破，学会利用先进的科技手段，即人工智能。在此期间，教师不仅要具备创新能力，还要具备综合的创新素质。结合我国教育领域发展的实际情况来看，这不仅是一个机遇同样也是一个挑战。高校在进行人才培养的过程中，要充分结合本校基础资源的应用情况，保证教师将人工智能的优势在课堂教学中全面应用，继而体现创新创业教育背景下的要求。为此，教师要不断提升的教学能力，根据不同学生的学习情况，进行耐心的指导，保证学生能够真正学习到新知识。

2. 结合当下实际重视人工智能实践应用

以物流专业为例。结合当下社会发展的实际情况，在创新创业的背景下，人工智能等现代化的科学技术在物流专业人才培养中发挥着重要的作用，为此，在教学的过程中，教师要充分应用人工智能，并认识到人工智能与人才培养结合的价值，为此，要为学生提供实践的机会。对于物流专业的学生而言，实践是提升自身能力的重要保障。借助人工智能这项先进的技术手段，学生不仅能够学到与本专业有关的理论知识，还能够将其应用至实践中，以此提升学生创新创业能力。在人工智能的支持下，能够在一定程度上帮助教师减轻教学压力，但是教师在此过程中需要对自身的工作做好定位，保障实践教学在促进学生高效应用理论知识的同时，还需要将教学中各个环节做到有效的融合。在创新创业的时代背景下，培养人才的核心就是开展实践教学。但是结合我国物流专业人才培养的实际情况分析，由于自身的起步相对发达国家来说较晚。为此，本专业教师要充分认识到当下市场经济的实际发展情况，做到与时俱进，将人工智能与实践教学进行有机的结合。这种方式不仅可以提升学生的综合能力以及专业技能，还能让学生在日后的就业中快速成长，为学生日后的学习与工作打下良好的基础。另外，物流专业的教师在人才培养的过程中，需要结合本校的基础设施的实际发展情况，为学生构建人工智能应用平台，给予学生充分的锻炼机会，以便学生能够更好地适应社会需求。在利用人工智能来培养商科人才的过程中，学生的实际应用技能能够得到最大限度的增强，并认识到未来行业的发展走向，从而激发学生的学习兴趣，保证高校教学实践的整体教学成效。

3. 根据教学实际构建完善的教育体系

从当下人工智能的实际发展情况来看，人工智能与人才培养机制的有机结合能够在很大程度上提升整体教育成效。在此过程中，高校需要根据本校教学的实际情况，建立科学的教学评价体系，确保学生能够利用人工智能提供的资源平台中真正学到知识。在此过程中，学生在评价人工智能在商科专业的教学应用过程中，要保证评价结果的真实性、有效性以及科学性。

在创新创业的教育背景下，真正将学生作为主体。高校要确保学生对所有知识有所收获，保证实践应用技能有所增强。不仅要保证教学质量，还要确保学生能够真正适应新型教学体系，要将学生的就业情况作为教学评价考核的标准。在提高教学质量的基础上，并结合专业的特点以及学生在实习期间的状况，设定人才培养的考查指标，保证教师人才培养的过程中，能够真正发挥人工智能的优势，从而形成专业科学的教学评价管理体系。为人才培养机制的可持续发展奠定坚实的基础，与此同时，高校要重人才培养视评价结果，并进行科学的分析，从中分析自身的不足。

7.4　基于区块链技术的大学生创新创业研究

当代大学生进行创新创业是自己能力的体现，不过创新创业不仅仅要你的知识量，还需要自身素养，所以学生除了重视课堂成绩以外，还要保证自身的德、智、体、美、劳的发展。对于大学生的创业能力不同水平来讲，要对其进行响应的指导，将会有更好的效果。区产业链技术在经济中的表现十分出色，它安全、透明化、中心化，实现直接交互，既节约了时间又节约了资源，比较适合高校大学生创新创业的发展，同时也解决了大学生创新创业的麻烦，所以高校大学生进行创新创业时更多地选择区产业链技术。

7.4.1　区块链技术与大学生创新创业的结合

1. 培养区块链方面的相关人才

区链接技术用于医疗行业，将保障病人的信息和随时查看病人的病情，方便了医生治疗；现在也常常用于保险行业，为保险行业节省了大概十亿美元，由于区链接技术方便、安全、快速的更新信息大大地减少了很多的损失；每年网络都会遭到上万次的黑客攻击，后来运用区块链技术作为防火墙挡住上万的攻击，这也变成最安全的方式之一。区块链所运用的区域越来越广，区块链行业市场规模不断扩大，产业集群效应明显。随着区块链技术成熟程度的不断增加，使其整体行业不断上升一个高度。在金融、物流、版权保护等领域有着良好的表现，为推动我国数字化建设，加快数字中国进程贡献了巨大的力量。

我国每年都对人才的培养进行大量的投资，也非常重视对人才的培养。但是对于区块链这一块来说却没有很好地培养，应该设立有关课程，增加师资力量。培养学生对这方面的兴趣，主动去学习与发展。同时还要宣传区块链对大学生创新创业发展的重要性，要让学生了解到区块链技术在创新创业中所扮演的角色并且运用好区链接技术。

2. 将区块链技术运用到大学生创新创业中去

有的学校擅长的专业可能不是区块链技术，专业性不是很强。可以建立一个有关平台，将区块链技术放在这个平台上大家一起相互交流，相互学习。这样老师可以相互交流，取长补短，然后再传授给学生。学生之间也可以相互交流，探讨发现其中的有趣的东西，就会形成双赢的局面。在大学生进行创新创业时相互讨论如何合理地将区块链技术运用到项目中去，相互发现问题，共同解决。在交流的过程不用担心个人的信息会被泄露，区块链技术会对此进行监督，避免开放数据带来的风险。为了带动学生的积极性可以对大学生创新创业的区块链技术进行发展，帮助大学生提升职业技能，证明了"技多不压身"的说法。

7.4.2 区块链技术将推动大学生创新创业的发展

大学中老师较为重视学生的创新能力，利用区块链技术来培养学生的创新能力，同时区块链技术目前来讲人才很少，如果有一定的技术的话，发展区块链将是一个不错的选择。区块链的综合性较强，需要很多门科目的发展，在大学生选择创新创业的时候可以选择擅长各个学科的小伙伴，这样的话你的项目组的综合实力就会较强些，在一起讨论，一起学习，还能增加学习能力，对你对他人都起到了不一样的帮助。区块链作为分布式账本技术，其具有的不可伪造、可溯源、时间戳等特点，在将来必然会发挥巨大的潜力，区块链就是后互联网时代的基础设施，前途是非常光明的，对每个大学生来讲是一个较好的创新创业的发展前景。

现在越来越多的人关注区块链的技术上的发展，但却发展的不是很成熟，不过相信在未来将会越来越多的人发现区块链技术的作用，能够实现去发展和实现区块链技术。作为大学生来讲可以走在发展的前锋,可以尝试与发展区块链技术进行创新创业的发展。不过选择区块链技术的话可能创新创业的难度就会大一些，要有过硬的技术、志愿的整合去解决与发展问题。不过未来区块链技术在工业互联网领域将会发挥出越来越重要的作用，因此区块链在大数据领域的应用场景也会有广泛的应用。大数据的广泛应用，资源共享了，但是安全性对于区块链技术来说不是很高，但两者之间可以发挥各自的优势，共同发展。

7.5　习题

1. 填空题

（1）创新创业教育是以培养_____为核心目标，从而提升学生的创新意识与创新能力。

（2）创新创业教育的根本目的是_____。

（3）2C 的主要优势表现为_____，劣势表现为_____。

（4）2B 的主要优势表现为_____，劣势表现为_____。

（5）通常，创新创业教育的战略管理和危机沟通需要有三个圈层的支撑：最外层是_____，中间层是_____，核心层则是_____。

2. 选择题

（1）人工智能创业面临的风险有_____。

    A. 初创公司面临与巨头公司对抗的压力

    B. 有些创业公司盲目地追求技术

    C. 创业团队结构不合理

    D. 创业者更容易准确把握发展的节奏

（2）人工智能创业面临的挑战有_____。

    A. 科研与产业之间衔接不够紧密

    B. 人工智能专业人才供需矛盾显著

    C. 创投界存在盲目投资的问题

    D. 创业难度相对较高

（3）人工智能时代大学生创新创业教育现状有_____。

    A. 创新创业教育的宣传力度足够大

    B. 创新创业教育形式老套

    C. 创新创业教育投资力度很大

    D. 创新创业教育形式新颖

（4）创新创业教育中注重学生公共精神的培养，可以从_____方面着手。

    A. 充分重视学校在理顺社会与学生关系中的基础作用

    B. 激活以学生为中心的教育工作方法

    C. 正确推动基层教育组织治理法治化

    D. 以上都对

（5）人工智能背景下高职院校人才培养模式现状，包括_____。

    A. 高校缺乏合理的与时俱进的新颖的创新创业配套的人才培养方案

    B. 高校教学方法仍保持传统的教授式教学

    C. 课程资源的理论性强，同时注重实践

D. 学生考核评价体系相对单一和滞后

3. 简答题

（1）试列举大学生人工智能创业的实例，并分析人工智能视角下大学生创新创业教育应具备的一些策略？

（2）试论人工智能背景下人才培养模式，你还能提出哪些不错的建议？

参考文献

[1] NILSSON N J. 人工智能[M]. 郑扣根，庄越挺，译. 北京：机械工业出版社，2000.

[2] 约翰·普利亚诺. 机器人来了：人工智能时代的人类生存法则[M]. 胡泳，杨莉萍，译. 北京：文化发展出版社，2018.

[3] 卢西亚诺·弗洛里迪. 第四次革命：人工智能如何重塑人类现实[M]. 杭州：浙江人民出版社，2016.

[4] 北京市科学技术协会，北京科技人才研究会. 人工智能[M]. 北京：北京出版社，2018.

[5] 本书编写组. 人工智能简明知识读本[M]. 北京：新华出版社，2017.

[6] 蔡瑞英，李长河. 人工智能[M]. 武汉：武汉理工大学出版社，2003.

[7] 陈万米，汪镭，徐萍，等. 人工智能：源自、挑战、服务人类[M]. 上海：上海科学普及出版社，2018.

[8] 邓开发. 人工智能与艺术设计[M]. 上海：华东理工大学出版社，2019.

[9] 丁世飞. 高级人工智能[M]. 徐州：中国矿业大学出版社，2015.

[10] 韩力群. 人工智能：上[M]. 北京：北京邮电大学出版社，2019.

[11] 杰克·查罗纳；人工智能[M]. 肖斌斌，译. 北京：生活·读书·新知三联书店，2003.

[12] 李成严，高峻. 人工智能[M]. 哈尔滨：东北林业大学出版社，2009.

[13] 李清娟. 人工智能与产业变革[M]. 上海：上海财经大学出版社，2020.

[14] 李陶深. 人工智能[M]. 重庆：重庆大学出版社，2002.

[15] 李长青. 人工智能[M]. 徐州：中国矿业大学出版社，2006.

[16] 李征宇，付杨，吕双十. 人工智能导论[M]. 哈尔滨：哈尔滨工程大学出版社，2016.

[17] 李杰. 工业人工智能[M]. 上海：上海交通大学出版社，2019.

[18] 尚福华，曹茂俊，杜睿山，等. 人工智能[M]. 哈尔滨：哈尔滨工业大学出版社，2008.

[19] 佘玉梅，段鹏. 人工智能原理及应用[M]. 上海：上海交通大学出版社，2018.

[20] 史忠植，王文杰. 人工智能[M]. 北京：国防工业出版社，2007.

[21] 谭铁牛. 人工智能：用 AI 技术打造智能化未来[M]. 北京：科学普及出版社，2019.

[22] 唐子惠. 医学人工智能导论[M]. 上海：上海科学技术出版社，2020.

［23］王永庆. 人工智能原理与方法：修订版［M］. 西安：西安交通大学出版社，2018.

［24］王作冰. 人工智能时代的教育革命［M］. 北京：北京联合出版公司，2017.

［25］韦康博. 人工智能：比你想象的更具颠覆性的智能革命［M］. 北京：现代出版社，
2016.

［26］魏巍，谢致誉. 人工智能［M］. 北京：国防工业出版社，2003.

［27］徐洁磐. 人工智能导论［M］. 北京：中国铁道出版社，2019.

［28］许磊. 人工智能与创新创业［M］. 北京：电子工业出版社，2018.

［29］焦李成，刘若辰，慕彩红. 简明人工智能［M］. 西安：西安电子科技大学出版社，
2019.

［30］杨忠明. 人工智能应用导论［M］. 西安：西安电子科技大学出版社，2019.

［31］詹建国，严红. 前瞻眼光选专业：智能时代全球就业指南［M］. 桂林：广西师范大
学出版社，2019.

［32］周晓垣. 人工智能：开启颠覆性智能时代［M］. 北京：台海出版社，2018.